Marcel Riegel

Elimination natürlicher Uranspezies aus Wässern

Marcel Riegel

Elimination natürlicher Uranspezies aus Wässern

Wirksamkeit schwach basischer Anionenaustauscher

Südwestdeutscher Verlag für Hochschulschriften

Impressum/Imprint (nur für Deutschland/only for Germany)
Bibliografische Information der Deutschen Nationalbibliothek: Die Deutsche Nationalbibliothek verzeichnet diese Publikation in der Deutschen Nationalbibliografie; detaillierte bibliografische Daten sind im Internet über http://dnb.d-nb.de abrufbar.

Alle in diesem Buch genannten Marken und Produktnamen unterliegen warenzeichen-, marken- oder patentrechtlichem Schutz bzw. sind Warenzeichen oder eingetragene Warenzeichen der jeweiligen Inhaber. Die Wiedergabe von Marken, Produktnamen, Gebrauchsnamen, Handelsnamen, Warenbezeichnungen u.s.w. in diesem Werk berechtigt auch ohne besondere Kennzeichnung nicht zu der Annahme, dass solche Namen im Sinne der Warenzeichen- und Markenschutzgesetzgebung als frei zu betrachten wären und daher von jedermann benutzt werden dürften.

Coverbild: www.ingimage.com

Verlag: Südwestdeutscher Verlag für Hochschulschriften GmbH & Co. KG
Heinrich-Böcking-Str. 6-8, 66121 Saarbrücken, Deutschland
Telefon +49 681 37 20 271-1, Telefax +49 681 37 20 271-0
Email: info@svh-verlag.de

Zugl.: Karlsruhe, Universität, Diss., 2009

Herstellung in Deutschland:
Schaltungsdienst Lange o.H.G., Berlin
Books on Demand GmbH, Norderstedt
Reha GmbH, Saarbrücken
Amazon Distribution GmbH, Leipzig
ISBN: 978-3-8381-2355-4

Imprint (only for USA, GB)
Bibliographic information published by the Deutsche Nationalbibliothek: The Deutsche Nationalbibliothek lists this publication in the Deutsche Nationalbibliografie; detailed bibliographic data are available in the Internet at http://dnb.d-nb.de.

Any brand names and product names mentioned in this book are subject to trademark, brand or patent protection and are trademarks or registered trademarks of their respective holders. The use of brand names, product names, common names, trade names, product descriptions etc. even without a particular marking in this works is in no way to be construed to mean that such names may be regarded as unrestricted in respect of trademark and brand protection legislation and could thus be used by anyone.

Cover image: www.ingimage.com

Publisher: Südwestdeutscher Verlag für Hochschulschriften GmbH & Co. KG
Heinrich-Böcking-Str. 6-8, 66121 Saarbrücken, Germany
Phone +49 681 37 20 271-1, Fax +49 681 37 20 271-0
Email: info@svh-verlag.de

Printed in the U.S.A.
Printed in the U.K. by (see last page)
ISBN: 978-3-8381-2355-4

Copyright © 2012 by the author and Südwestdeutscher Verlag für Hochschulschriften GmbH & Co. KG and licensors
All rights reserved. Saarbrücken 2012

Danksagung

Die vorliegende Arbeit entstand in den Jahren 2005 – 2008 am Institut für Technische Chemie, Abteilung Wasser- und Geotechnologie am Forschungszentrum Karlsruhe. Sie ist Teil des vom Bundesministerium für Bildung und Forschung (DVGW, Förderkennzeichen: 02 WT 0594) und von der Deutschen Vereinigung des Gas- und Wasserfachs (DVGW, Forschungsvorhaben W 4/02/04-B) geförderten Forschungsvorhabens „Uranentfernung in der Trinkwasseraufbereitung".
An dieser Stelle bedanke ich mich herzlich bei allen Personen, die zum Gelingen dieser Arbeit beigetragen haben.

Mein ganz besonderer Dank gilt Herrn Prof. Dr. Wolfgang Höll für seine hervorragende Betreuung. Erst durch sein außergewöhnliches Fachwissen und seine Hilfsbereitschaft bei wissenschaftlichen Fragestellungen war das Gelingen dieser Arbeit möglich. Seine zahlreichen nationalen und internationalen Kontakte waren zudem sehr hilfreich für mich.

Bei Herrn Prof. Dr. Matthias Kind möchte ich mich für die freundliche Übernahme des Koreferats bedanken.

Insbesondere bedanke ich mich bei Sybille Heidt für die stets zuverlässige Laborarbeit, die sie für mich verrichtete und die tolle Zusammenarbeit.

Bei Gudrun Hefner, Marita Heinle und Cuc Ly bedanke ich mich für die sehr verlässliche Analysearbeit.

Großer Dank gilt außerdem Mike Tokmachev, der die programmiertechnische Umsetzung der in dieser Arbeit benutzten mathematischen Beschreibungen übernahm.

Besonderer Dank gilt den Mitgliedern der Abteilung „Physikalisch- chemische Interaktionen an Grenzflächen", speziell meiner Zimmerkollegin Carla Calderón und meinen Freunden Martín Silvestre und Jörg Becker, für die einzigartige Arbeitsatmosphäre, die intensive Freundschaft und auch ihre Unterstützung.

Sehr herzlich möchte ich mich bei Paul-Michael Pellny von Rohm und Haas und Stefan Neumann von Lanxess für die kostenlose Bereitstellung der Ionenaustauscher und ihre sehr freundliche Beratung bedanken.

Außerdem gilt mein Dank meinen Korrekturlesern: Birgit Hetzer, Ulla Hintz, Jürgen Gallinat und Frank Wurster.

Zusammenfassung

Ziel der Arbeit war die Untersuchung der Elimination natürlicher Uranspezies aus Wässern mittels schwach basischer Ionenaustauscher. Da Uran in carbonathaltigem Wasser im neutralen pH-Bereich überwiegend als zweifach negativ geladener $UO_2(CO_3)_2^{2-}$-Komplex existiert, kann es mit schwach basischen Anionenaustauschern entfernt werden, wenn diese bei den herrschenden pH-Werten noch ausreichend protoniert vorliegen. In grundlegenden Versuchen wurde daher zunächst ermittelt, wie der Protonierungsgrad bzw. die Chloridkapazität verschiedener kommerziell erhältlicher Ionenaustauschharze auf Styrol-, Acrylamid- und Phenol-Formaldehyd-Basis vom pH-Wert der Lösung abhängt. Hierbei zeigte sich, dass das Acrylamid-DVB-Copolymer Amberlite IRA 67 bei pH-Werten zwischen 7 und 8 die höchste Kapazität aller untersuchten Austauscher hat.

Die Untersuchungen zur Gleichgewichtslage der Sorption von Uranspezies an unterschiedliche Austauscher wiesen nach, dass in Spurenkonzentrationen vorliegendes Uran von den verwendeten Austauschern sehr selektiv aufgenommen wird. Für den Austauscher Amberlite IRA 67 wurde bei einem pH-Wert von 7,3 bei der Sorption aus Leitungswasser mit 230 µg/L Uran eine Beladung von 200 µmol/g erreicht. Die Untersuchungen der Abhängigkeit der Gleichgewichtslage von verschiedenen Parametern ergaben generell drei verschiedene Einflussarten: (I) Alle weiteren im Wasser vorliegenden Anionen konkurrieren um die Sorptionsplätze auf dem Austauscher. Jedoch sind Sulfat und Teile der natürlich vorkommenden, organischen Substanzen (NOM) die einzigen Spezies, die neben Uran in nennenswerten Mengen sorbiert werden. Eine Erhöhung der Konzentration dieser Stoffe verschlechtert die Sorption der Uranspezies. (II) Calcium, Magnesium oder Carbonat verändern die Speziation des Urans. Liegt Calcium in der Lösung vor, bilden sich vermehrt neutrale Komplexe aus Uranyl, Carbonat und Calcium, die auf Grund ihrer fehlenden Ladung nicht gegen andere Ionen ausgetauscht werden können. Als Folge vermindert sich die sorbierte Uranmenge. Sinkt die Carbonat-Konzentration im Wasser, verändert sich die Speziation des Urans zu Gunsten eines einfach negativ geladenen Komplexes, der schlechtere Sorptionseigenschaften aufweist als der zweiwertige Urankomplex. Ein verringerter Carbonatgehalt vermindert somit ebenfalls die Sorption von Uran. (III) Der Protonierungsgrad der funktionellen Aminogruppen der schwach basischen Austauscher sinkt, wenn der pH-Wert über den neutralen Bereich hinaus ansteigt. Dadurch verschlechtert sich die Sorption der Uranspezies ebenfalls.

In Untersuchungen zur Sorptionskinetik wurden die Transportparameter Stoffübergangskoeffizient in der Flüssigkeit und Diffusionskoeffizient im Austauscher bestimmt. Der Stoffübergangskoeffizient in der Flüssigkeit liegt zwischen $1 \cdot 10^{-5}$ und $6 \cdot 10^{-5}$ m/s, abhängig von der

Überströmgeschwindigkeit bzw. der Filtergeschwindigkeit, variiert in einem Bereich von 2 bis 20 m/h variiert, des Partikeldurchmessers (variiert zwischen 0,6 und 0,8 mm) und des pH-Wertes, der zwischen 7,2 und 7,5 lag. Durch Berechnungen nach verschiedenen SHERWOOD-Korrelationen konnten die experimentell ermittelten Werte und Abhängigkeiten von der Filtergeschwindigkeit und vom Partikeldurchmesser zufriedenstellend bestätigt werden. Die pH-Abhängigkeit des Stoffübergangskoeffizienten konnte lediglich qualitativ durch die NERNST-PLANCK-Gleichung wiedergegeben werden: Mit einem von 7,2 auf 7,5 steigendem pH-Wert liegt Uran vermehrt als vierwertiger $UO_2(CO_3)_3^{4-}$-Komplex vor und durch die Erhöhung der Ladungszahl beschleunigt sich auch der Transport in der flüssigen Phase.

Die Diffusionskoeffizienten im Austauscher wurden durch eine Best-Fit-Methode zwischen experimentell gemessenen Werten von Urankonzentrationen und nach dem Modell der kombinierten Film- und Oberflächendiffusion berechneten Verläufe bestimmt. Hier ergaben sich Werte von $1 \cdot 10^{-12}$ m²/s für den Austauscher Amberlite IRA 67 und zu $1 \cdot 10^{-13}$ m²/s für den Austauscher Lewatit MP 62. Das Harz Amberlite IRA 67 erreicht durch seinen geringen Anteil an quarternären, stark basischen, funktionellen Aminogruppen einen deutlich höheren Wert.

Zur Untersuchung des Filterverhaltens wurden Experimente im Labormaßstab mit einem Filtervolumen von 25 mL und mit Uran dotiertem Leitungswasser durchgeführt. Hierbei wurden sehr lange Filterlaufzeiten beobachtet: Bei einer Eingangskonzentration an Uran von 1000 µg/L und einem Volumenstrom von 20 BV/h kann das Acrylamid-Copolymer Amberlite IRA 67 Uran für 30.000 BV komplett zurückhalten. Zu diesem Zeitpunkt besitzt der Austauscher eine Uranbeladung von 180 µmol/g. Bei weiterem Durchfluss beginnt die Urankonzentration im Ablauf erstmals messbar anzusteigen; maximal werden Beladungen von 290 µmol/g erreicht.

Das Filterverhalten wurde mit dem Modell der kombinierten Film- und Oberflächendiffusion mathematisch beschrieben, in welches die in dieser Arbeit ermittelten Gleichgewichts- und kinetischen Parameter einfließen. Der Durchbruch bei konstantem Zulauf-pH-Wert kann hiermit gut wiedergegeben werden, Schwankungen des pH-Werts des Rohwassers können nicht erfasst werden. Trotzdem lassen sich damit zufriedenstellende Vorausberechnungen des Filterverhaltens bis zum Überschreiten des erlaubten Grenzwertes erreichen. Durch die gute Übereinstimmung der experimentell ermittelten Durchbruchskurven, der Modellierung nach dem Modell der kombinierten Film- und Oberflächendiffusion und des stöchiometrischen Durchbruchs konnte die Bestimmung sowohl der kinetischen wie auch der Gleichgewichtsparameter verifiziert werden.

Die Regeneration der mit Uran beladenen Filter wurde mit Natronlauge und Schwefelsäure untersucht. Abhängig vom Austauschertyp erreichen die einzelnen Regenerationsmittel unterschiedliche Regenerationsraten. Mit einer kombinierten Regeneration aus Schwefelsäure und Natronlauge wurde aber eine vollständige Elution des Urans erreicht.

Abstract

The objective of the work was the development of a process to eliminate natural uranium from groundwater by means of weakly basic anion exchangers. In carbonate containing water in neutral pH-range uranium meanly exists as divalent anionic complex $UO_2(CO_3)_2^{2-}$. Therefore it can be eliminated by weakly basic anion exchangers if they are sufficiently protonated at the given pH. Therefore, basic examinations comprised the degree of protonation or the maximal capacity for chloride for several commercially available exchanger resin based on styrene, acrylic, or phenol formaldehyde monomers. Among these resins, the acrylic-DVB-copolymer Amberlite IRA 67 showed the highest capacity at pH values between 7 and 8.

Investigations of the equilibrium of sorption of uranium species onto different weakly basic anion exchangers demonstrated that weakly basic exchangers sorb uranium very selectively out of mixed solutions. During sorption from of tap water with 230 µg/L of uranium at pH 7.3 the resin Amberlite IRA 67 reached a loading of 200 µmol/g. Systematic investigations were carried out to study the dependency of the sorption equilibrium on various parameters. In general there are three important effects: (I) Sorption depends on the presence of competing anions. Among these species only sulphate and parts of natural organic matter (NOM) have substantial influence. By increasing the concentration of these substances the sorption of uranium decreases. (II) Calcium, magnesium, and carbonate species affect the speciation of uranium. Calcium uranium form neutral complexes to a greater extend. Because of the missing charge these complex species cannot be exchanged, leading to a decrease of the amount of uranium species adsorbed. (III) The effective capacity of the exchanger depends on the degree of protonation of the functional amino groups. With increasing pH beyond neutral pH range the share of protonated amino groups decreases and the sorption equilibrium deteriorates.

The study of the sorption kinetics focused on the determination of both, the mass transfer coefficient in the liquid and the diffusion coefficient in the exchanger. Liquid mass transfer coefficient is between $1 \cdot 10^{-5}$ and $6 \cdot 10^{-5}$ m/s, depending on superficial flow rate or the filter velocity, particle diameter, and pH. Filter velocity was varied between 2 and 20 m/h, particle diameter between 0.6 and 0.8 mm and pH between 7.2 and 7.5. Calculations with different SHERWOOD correlations confirm well the experimentally determined values and relationships with filter velocity and particle size. pH dependency of mass transfer coefficient can quantitatively be expressed by calculations based on NERNST-PLANCK-Equation: by increasing the pH from 7.2 to 7.5 uranium speciation changes towards a greater share of tetravalent complex $UO_2(CO_3)_3^{4-}$; the respective increase of the electric charge accelerates the transport in the liquid phase.

Diffusion coefficients in the solid phase were determined by means of best-fit-methods using developments of experimental and calculated uranium concentration and applying the combined film- and surface diffusion model. Values of $1\cdot 10^{-12}$ m²/s for Amberlite IRA 67 and of $1\cdot 10^{-13}$ m²/s for Lewatit MP 62 were obtained. Because of its content of quaternary strongly basic ammonium groups the acrylic resin Amberlite IRA 67 shows a much faster internal diffusion.

Column investigations were carried out in lab scale with a column volume of 25 mL and with uranium spiced tap water. Very long operation times were noticed: at an initial uranium concentration of 1000 µg/L and a flow rate of 20 BV/h uranium is eliminated completely from the product water up to a throughput of 30,000 BV by the resin Amberlite IRA 67. At this time the exchanger has an uranium loading of 180 µmol/g. Continuing throughput leads to an increase of the effluent uranium concentration. A maximum loading of 290 µmol/g is reached.

The column performance was mathematically predicted by the model of combined film and surface diffusion. Prediction makes use of the parameters of equilibrium and kinetics determined before. In general the development of the column effluent concentration can well be predicted as long as the feed pH value remains constant. Effluent concentrations at oscillations of this pH cannot be calculated. Because of the good agreement between experimental and calculated breakthrough curves as well as of the stoichiometric breakthrough the determination of both, the equilibrium and the kinetic parameters has been verified.

Regeneration of the uranium loaded resins was carried out using sodium hydroxide and sulphuric acid. Depending on the type of exchanger the regenerants induce different regeneration efficiencies. Combined regeneration with sulphuric acid and sodium hydroxide leads to a complete elution of uranium.

Inhaltsverzeichnis

1 **Einleitung** 1
2 **Allgemeine Grundlagen** 6
2.1 Speziation von Uran 6
2.2 Ionenaustauscher 12
2.3 Ionenaustausch mit schwach basischen Austauschern 14
2.4 Sorption von Uranspezies 15
3 **Verfahrenstechnische Beschreibung von Sorptionsphänomenen** 16
3.1 Gleichgewicht 16
3.2 Kinetik 20
    3.2.1 Sorptionsschritte 20
    3.2.2 Mathematische Ansätze zur Beschreibung der Diffusion 21
        3.2.2.1 Externe Diffusion 21
        3.2.2.2 Interne Diffusion 23
        3.2.2.3 Geschwindigkeitsbestimmender Schritt 25
    3.2.3 Korrelationen zur Berechnung kinetischer Parameter 26
3.3 Durchbruchsverhalten in Sorptionsfiltern 28
    3.3.1 Grundlagen 28
        3.3.1.1 Einfluss der Gleichgewichtslage 30
        3.3.1.2 Einfluss der Kinetik 30
        3.3.1.3 Durchbruchsverhalten bei drei Komponenten 31
    3.3.2 Mathematische Beschreibung 32
        3.3.2.1 Stöchiometrischer Durchbruch 32
        3.3.2.2 Ansatz der kombinierten Film- und Oberflächendiffusion ... 34

4 Experimenteller Teil ... 38

4.1 Verwendete Ionenaustauscher ... 38

4.2 Charakterisierung der Austauscher ... 39

4.3 Untersuchung des Sorptionsgleichgewichts ... 39

4.4 Untersuchung der Sorptionskinetik ... 40

    4.4.1 Transport in der flüssigen Phase ... 40

    4.4.2 Transport in der festen Phase ... 41

4.5 Untersuchung der Filterdynamik ... 43

4.6 Untersuchung des Regenerationsverhaltens ... 44

    4.6.1 Regeneration im Batch-Experiment ... 44

    4.6.2 Regeneration im Filterbetrieb ... 44

5 Versuchsergebnisse und Diskussion ... 46

5.1 Charakterisierung der Austauscher ... 46

5.2 Sorptionsgleichgewicht ... 46

    5.2.1 Sorptionseigenschaften unterschiedlicher Ionenaustauscher ... 47

    5.2.2 Abhängigkeit der Gleichgewichtslage der Sorption von verschiedenen Parametern 49

        5.2.2.1 Einfluss der Wasserzusammensetzung ... 49

        5.2.2.2 Einfluss konkurrierender Anionen ... 50

        5.2.2.3 Einfluss speziationsverändernder Stoffe ... 51

        5.2.2.4 Einfluss des pH-Wertes ... 54

5.3 Sorptionskinetik ... 58

    5.3.1 Stoffübergangskoeffizient in der flüssigen Phase β_L ... 58

    5.3.2 Diffusionskoeffizient in der Austauscherphase D_S ... 65

5.4 Filterdynamik ... 68

    5.4.1 Experimentelle Ergebnisse ... 68

    5.4.2 Einflüsse auf das Filterverhalten ... 73

    5.4.3 Folgerungen für technische Anlagen ... 77

5.5	Regeneration		79
	5.5.1	Gleichgewichtslage der Regeneration	79
	5.5.2	Regeneration im Filterbetrieb	83
5.6	Wiederbeladung regenerierter Austauscher		87
6	**Fazit**		**89**
7	**Literaturverzeichnis**		**92**
8	**Anhang**		**99**
8.1	Symbolverzeichnis		99
8.2	Berechnung der Stoffströme in der flüssigen Phase		103
8.3	Analysemethoden, Chemikalien und Apparate		104
8.4	Messgenauigkeit bei den Gleichgewichtsversuchen		106
8.5	Ergänzende Abbildungen zur Bestimmung des Diffusionskoeffizienten D_S		108
8.6	Berechnungsprogramm für das Filterverhalten		110

1 Einleitung

Uran wurde 1789 erstmals aus einem Gestein isoliert und somit entdeckt. Mit einer molaren Masse von 238 g/mol ist es eines der schwersten Elemente und wird deshalb unter anderem im Flugzeugbau als Gegengewicht und in panzerbrechender Munition verwendet. Das leicht radioaktive Element besteht hauptsächlich aus den drei Isotopen U^{238} (99,27%), U^{235} (0,72%) und U^{234} (0,0055%). U^{238} zerfällt, gemäß der Uran-Radium-Zerfallsreihe, überwiegend über α-Zerfälle zu Blei. U^{235} wandelt sich, ebenfalls hauptsächlich über α-Zerfälle, über die Uran-Actinium-Reihe zu Blei um. Beide Isotope zeigen sehr wenige Zerfälle pro Zeiteinheit, U^{238} hat eine extrem lange Halbwertszeit von 4,5 Mrd. Jahren. Uran ist das einzig natürlich vorkommende Material, mit dem eine Kernspaltungs-Kettenreaktion möglich ist, weswegen es in Kernkraftwerken und in Kernwaffen benutzt wird und dadurch von großer wirtschaftlicher und politischer Bedeutung ist [EVANS 1955].

Uran ist in der Erdkruste in einer Konzentration von 4 mg/kg enthalten und ist somit ein relativ häufig vorkommendes Element. Es besitzt die vier Oxidationsstufen III, IV, V und VI, von denen jedoch lediglich die Stufen IV und VI stabil sind. In wässrigen Systemen ist auf Grund seiner besseren Löslichkeit nur noch Uran in der Oxidationsstufe VI von Bedeutung. Dieses bildet wegen seiner hohen Affinität zu Sauerstoff das Uranyl-Ion UO_2^{2+}, das im sauren pH-Bereich hauptsächlich vorliegt. Im leicht sauren, neutralen und basischen pH-Bereich kann Uranyl mit unterschiedlichsten Liganden sehr stabile Komplexe bilden, was Uran zu einem allgegenwärtigen Element in der Hydrosphäre macht [GASCOYNE 1992]. Generell variieren die Konzentrationen von Uran im Grundwasser geogen bedingt zwischen < 1 bis 1000 µg/L [OSMOND 1992]. Genauere Untersuchungen, z.B. vom Landesamt für Gesundheit und Soziales in Mecklenburg-Vorpommern, ergaben in 6,6% der untersuchten Proben Urankonzentrationen über 5 µg/L und 2,5% der Grundwasserproben wiesen Werte über 10 µg/L auf (bei 712 untersuchten Wasserproben) [PUCHERT 2006]. Das Umweltbundesamt veröffentlichte deutschlandweite Messungen aus dem Jahre 2003, bei denen Urankonzentrationen über 2 µg/L in 8,1% von 3317 untersuchten Wasserproben und über 9 µg/L in einer Häufigkeit von 1,7% vorkommen [KONIETZKA 2006].

Uran kann auf zwei unterschiedliche Arten auf lebendes Gewebe einwirken: als radioaktives Element sendet es schädliche, ionisierende Strahlung aus und es wirkt auf Grund seiner chemischen Eigenschaften giftig. Durch kosmische und terrestrische Strahlung sowie durch das Einatmen von natürlich entstehendem Radon ist der menschliche Körper im Durchschnitt mit einer Strahlendosis von 2 mSv pro Jahr belastet. Auf Grund von medizinisch-radiologischen Untersuchungen erhöht sich dieser Wert für Deutschland auf einen Durchschnitt von 4 mSv pro Jahr. Wegen der langsamen Zerfallsrate von Uran und den sehr geringen Konzentrationen im Trinkwasser bewegt sich die zusätzlich entstehende Strahlenbelastung, auf Grund der Radioaktivität des Urans, bei Werten kleiner als 0,05 mSv pro Jahr und ist laut des Bundesamtes für Strahlenschutz gegenüber der natürlichen Strahlenbelastung zu vernachlässigen [BÜNGER 2006]. Anders sieht jedoch die toxische Wirkungsweise des Schwermetalls Uran aus. Nach heutigem Wissensstand ist Uran kein vom menschlichen Körper benötigtes Spurenelement. Nach dauerhafter Aufnahme führt es, ähnlich wie Quecksilber, Cadmium und Blei, zu Nierenschädigungen und akkumuliert sich in Nieren und Knochen [GOODMAN 1985].

Die Aufnahme von Uran durch den Menschen erfolgt über Nahrung oder Trinkwasser. Zum Schutz der menschlichen Gesundheit sollten daher die Gehalte in Nahrungsmitteln begrenzt werden. Auf europäischer Ebene gibt es bis heute keinen Grenzwert für Uran im Trinkwasser. Seit einigen Jahren wird jedoch weltweit in verschiedenen Institutionen über seine Einführung und, noch intensiver, über seine Höhe diskutiert. Im Jahre 2000 wurde von der US-amerikanischen Umweltbehörde ein Grenzwert von 30 µg/L vorgeschlagen [US-EPA 2000]. In Folge dessen schlug die Weltgesundheitsorganisation einen Grenzwert von 15 µg/L für Trinkwasser vor[1] [WHO 2004], vom Umweltbundesamt wurde für Deutschland ein Grenzwert von 10 µg/L empfohlen [KONIETZKA 2005]. Dieser Wert soll in Deutschland in naher Zukunft als Grenzwert für Trinkwasser eingeführt werden. Zusätzlich wurde vom Bundesinstitut für Risikobewertung ein Grenzwert von 2 µg/L für Mineralwasser eingeführt, wenn dieses als für die Zubereitung von Säuglingsnahrung geeignet ausgewiesen werden darf [BfR 2006]. Angesichts des sich abzeichnenden Grenzwerts und der Häufigkeit des Auftretens von Uran in Grundwässern, stellt sich daher das Problem der Elimination, wobei von besonderer Bedeutung ist, dass es nur in Spurenkonzentrationen vorliegt.

Die Aufkonzentrierung uranhaltiger Lösungen mittels Ionenaustausch und Regeneration ist aus der Yellow-Cake-Gewinnung aus Uranerzen bekannt. Hierbei wird das Uran mit verdünnter Schwefelsäure oder mit Carbonatlösungen aus dem Erz mobilisiert (Laugung) und liegt anschließend in Form anionischer Uranyl-Sulfato- oder Uranyl-Carbonato-Komplexe vor. Diese werden mit stark basischen und neuerdings auch mit schwach basischen Austauscherharzen aus der

---

[1] 1998 veröffentlichte die WHO einen Vorschlag für einen Grenzwert von 2 µg/L [WHO 1998], der auf der Annahme beruhte, dass lediglich 10 % der zulässigen Gesamtmenge an Uran über das Trinkwasser aufgenommen werden. Im Nachhinein wurde jedoch festgestellt, dass die Uranaufnahme aus anderen Quellen sehr gering ist. Für die Berechnung des Grenzwertes von 2004 wurden folglich 80 % der Gesamtmenge an Uran für das Trinkwasser zugelassen.

Lösung selektiv abgetrennt und anschließend eluiert. Hierbei sind jedoch einerseits die Urankonzentrationen in den Lösungen viel höher als im Grundwasser und andererseits sind die Matrizes von Laugungslösung und vom Grundwasser nicht miteinander zu vergleichen. Daher kann dieser Ansatz auf das Problem des Urans im Grundwasser nicht direkt übertragen werden [ULLMANN 1996; BÜCHEL 1999].

Für die Entfernung von natürlich bedingtem Uran aus dem Grundwasser wurden in der Vergangenheit unterschiedliche Methoden getestet. Diese unterteilen sich in Sorptionsverfahren, die den Anspruch haben, Uran sehr selektiv aus dem Wasser zu entfernen und die üblichen Wasserinhaltsstoffe nicht zu verändern, sowie in Nicht-Sorptionsverfahren, die nicht selektiv sind. Unter die letztere Kategorie fallen Flockung sowie Nanofiltration und Umkehrosmose. Alle drei Verfahren sind sehr gut in der Lage, Uran zu entfernen [HUXSTEP 1988; SCHLITT 2008]. Bei den beiden Membranverfahren werden, je nach Porengröße der Membranen, weitere Wasserinhaltsstoffe zurückgehalten. Bei der Umkehrosmose erfolgt sogar eine Vollentsalzung des Wassers. Mit diesen Verfahren wird in Wasserwerken in der Regel nur ein Teilstrom des Wassers behandelt und später mit nicht behandeltem Wasser vermischt. Somit ist die Senkung der Urankonzentration durch diese Verfahren begrenzt. Die Flockung wird in der Wasseraufbereitung zur Entfernung von Kolloiden und suspendierten Feststoffteilchen angewandt. An den sedimentierenden Flocken lagern sich gelöste Metalle im Allgemeinen gut an, gelöstes Uran kann hierbei ebenfalls entfernt werden. Durch die notwendige Zugabe von Flockungsmittel ist dies jedoch ein aufwendigeres Verfahren als die Sorptionsmethoden und daher in der Regel nicht die Methode der Wahl. Besteht aber in der Wasseraufbereitung bereits diese Aufbereitungsstufe, kann unerwünschtes Uran hiermit teilweise entfernt werden. Bei der Entfernung von Uran durch Sorptionsverfahren wurden Aktivkohle, Kationen- und Anionenaustauscher, Aktivtonerde, Metalloxide wie Eisenhydroxid oder Titandioxid sowie unterschiedliche Biomasseprodukte (Pflanzenzellen, Algen und immobilisierte Mikroorganismen) untersucht [SORG 1988; YANG 1999; WAZNE 2003, 2006; MELLAH 2006; PARSONS 2006; BAHR 2007]. Die Uranentfernung aus Lösungen mit neutralem pH gelang dabei am besten mit stark basischen Anionaustauschern, die entweder in der Chlorid- oder der Sulfatform vorlagen [SORG 1988; CLIFFORD 1995; SONG 1999; HUIKURI 2000; PHILLIPS 2008]. VAARAMAA [2000] untersuchte die Uranentfernung mittels eines schwach basischen Anionenaustauschers auf Styrolbasis in der freien Basenform, der sich allerdings als lediglich bedingt wirkungsvoll erwiesen hat. Weitere und detailliertere Erkenntnisse zur Verwendung von schwach basischen Austauschern liegen nicht vor.

Untersuchungen der letzten Jahre haben nachgewiesen, dass schwach basische Anionenaustauscher die Möglichkeit bieten, Schwermetalle auch im Bereich von Spurenkonzentrationen sehr selektiv aus Wässern zu eliminieren. Dies wurde im Falle der Entfernung von Cadmium und Quecksilber im Labor- und Pilotmaßstab demonstriert [ZHAO 2002; HÖLL 2002, 2004]. Die Elimination von Metall-(Oxy-)Anionen wird dadurch ermöglicht, dass die Austauscher bei trinkwasserüblichen pH-Werten teilweise protoniert vorliegen und daher Anionen sorbieren können. Der Vorteil gegenüber stark basischen Austauschern liegt vor allem darin, dass kein Austausch gegen Chlorid oder Sulfat stattfindet und demnach der Salzgehalt des Wassers nicht erhöht wird. Diese Variante konnte mit der wirkungsvollen Elimination von Chromat ebenfalls im Pilotmaßstab nachgewiesen werden [HÖLL 2003].

Auf Grund der positiven Erfahrungen mit der Entfernung von Chromat und weiterer Oxyanionen [DZUL 2008] sollte in der vorliegenden Arbeit die Entfernung von Uran aus natürlichen Wässern mittels handelsüblicher, schwach basischer Ionenaustauscher systematisch untersucht werden. Hierbei sollten die wesentlichen Einflussfaktoren auf die Sorption von Uranspezies an schwach basische Austauscher experimentell aufgeklärt werden. Ein weiteres Ziel war es, die Sorption mit verfahrenstechnischen Ansätzen zu beschreiben, um den Einsatz in technischen Filtern vorausberechnen zu können. Diese Berechnungen sollten schließlich durch praktische Ergebnisse validiert werden.

Bei der Entfernung des gesundheitsschädlichen Urans aus dem Trinkwasser stellt sich generell die Frage, was mit dem aufkonzentriertem Uran geschieht. Prinzipiell kann es entsorgt oder wiederverwertet werden. Bei der Wiederverwertung muss das Uran vom Austauscher eluiert werden. Danach wird das Uran aus der aufkonzentrierten Lösung ausgefällt und kann als „Yellow Cake" weiterverarbeitet werden[1] [BÜCHEL 1999]. Für diese Zwecke wurde im Rahmen dieser Arbeit das Regenerationsverhalten untersucht.

Die vorliegende Arbeit war Teil eines dreiteiligen Verbundprojektes, in dem die Entfernung von Uran im Labormaßstab sowohl mit oxidischen Sorbensien als auch mit schwach basischen Ionenaustauschern untersucht wurde. Zusätzlich wurden halbtechnische Versuche zur

---

[1] Das Potential der Wiederverwertung ist auf Grund der geringen Mengen an Uran im Grundwasser fraglich. Ein Grundwasser mit einer Uran-Konzentration von 35 µg/L erbringt in einem Jahr, bei einer durchschnittlichen Wasserförderung von 30 m³/h, eine Uran-Menge von ca. 7 kg. Verglichen mit der Uranförderung Deutschlands aus dem Jahre 2005, die 80 t Uran betrug [NUCLEAR ENERGY AGENCY 2006], ist dies derzeit ein wirtschaftlich irrelevanter Wert. Sollte der Bedarf an Uran weltweit jedoch weiterhin steigen, parallel dazu die Förderung des Urans auf Grund schwer zugänglicher Vorkommen teurer werden und mehrere deutsche Brunnenwässer von Uran befreit werden, kann die Wiederverwertung unter Umständen rentabel werden.

Uranelimination in Wasserwerken durchgeführt, bei denen erhöhte Urankonzentrationen im Grundwasser entdeckt wurden.

2 Allgemeine Grundlagen

2.1 Speziation von Uran

Die Entwicklung geeigneter Verfahren zur Sorption von Uran erfordert die Kenntnis der Speziation im Wasser. Je nach Wasserinhaltsstoffen und je nach pH-Wert liegen unterschiedliche Spezies vor. In der Literatur ist beschrieben, dass die dominierenden Uranspezies im neutralen pH-Bereich von typischen Grundwässern mit moderaten Salzkonzentrationen hauptsächlich der neutrale Uranyl-Carbonato-Komplex $UO_2(CO_3)$ sowie die zweifach und vierfach negativ geladenen Uranyl-di- bzw. Uranyl-tri-Carbonato-Komplexe $UO_2(CO_3)_2^{2-}$ und $UO_2(CO_3)_3^{4-}$ sind [HANSON 1987; WAZNE 2003; KATSOYIANNIS 2007]. LANGMUIR [1978] veröffentlichte eine Berechnung, in der, im pH-Bereich zwischen 4 und 7 sowie bei einer Phosphat-Konzentration von 10 µg/L, ausschließlich der zweifach negativ geladene Uranyl-di-Hydrogenphosphat-Komplex $UO_2(HPO_4)_2^{2-}$ existiert. ARAI [2006] zeigt bei Urankonzentrationen von 2 µg/L eine berechnete Dominanz der positiv geladenen UO_2OH^+-Spezies bei einem pH-Wert zwischen 5 – 6 in carbonathaltigem Wasser und einem überwiegendem Auftreten des neutralen $UO_2(OH)_2$ Komplexes bei pH-Werten bis 7,2. Da sich diese Aussagen nicht absolut decken, wurden im Rahmen dieser Arbeit eigene Berechnungen über die Speziation von Uran durchgeführt.

Die Berechung der Speziation beruht auf der Bestimmung des Gleichgewichtszustandes unter Berücksichtigung aller anwesenden Spezies. Jede reversible chemische Reaktion, die zu einer Verbindung führt, im vorliegenden Fall die Bildung des Komplexes M_aL_b aus dem Metal M und dem Ligand L (Gleichung 2.1), wird mit dem Massenwirkungsgesetz beschrieben (Gleichung 2.2).

$$a \cdot M + b \cdot L \rightleftharpoons M_aL_b \qquad (2.1)$$

$$K_r = \frac{\tilde{c}(M_aL_b)}{\tilde{c}(M)^a \cdot \tilde{c}(L)^b} = \frac{[M_aL_b]}{[M]^a \cdot [L]^b} \qquad (2.2)$$

Hierbei nimmt das Verhältnis der molaren Konzentrationen $\tilde{c}$ der Produkte zu denen der Edukte (Konstituenten), potenziert mit den stöchiometrischen Vorfaktoren, unter gegebenen Bedingungen einen konstanten Wert an. Dieser Wert K_r wird Gleichgewichtskonstante der Reaktion genannt und ist für eine große Zahl von Reaktionen tabelliert.

Für die Bildung des Uranyl-di-Carbonato-Komplexes sieht die Gleichgewichtsbeziehung wie folgt aus.

$$K_r = \frac{\left[UO_2(CO_3)_2^{2-}\right]}{\left[UO_2^{2+}\right] \cdot \left[CO_3^{2-}\right]^2} \tag{2.3}$$

Um die Speziation eines Elementes zu bestimmen, müssen die Massenwirkungsgesetze der Bildungsreaktionen aller auftretenden Verbindungen simultan gelöst werden. Hierfür stehen Rechenprogramme wie MINEQL+©, PhreeqC© oder The Geochemist's Workbench© zur Verfügung.

Sollte die Gleichgewichtskonstante einer Reaktion K_r nicht bekannt sein, kann sie aus der molaren Freien Enthalpie der Reaktion $\Delta_r G_m^0$ bei Standardbedingungen nach Gleichung 2.4 berechnet werden.

$$\log K_r^0 = \frac{-\Delta_r G_m^0}{RT \cdot \ln(10)} \tag{2.4}$$

Die molare Freie Enthalpie der Reaktion $\Delta_r G_m^0$ wird aus der Summe der Freien Bildungsenthalpien aus den Elementen $\Delta_f G_m^0$ der Produkte und Edukte ermittelt. Die stöchiometrischen Koeffizienten υ sind hierbei für Produkte positiv und für Edukte negativ zu setzen.

$$\Delta_r G_m^0 = \sum \nu \cdot \Delta_f G_m^0 \tag{2.5}$$

Die Speziationsberechnungen wurden in dieser Arbeit mit dem Softwareprogramm MINEQL+© durchgeführt. Die verwendeten Gleichgewichtskonstanten sind in Tabelle 2.1 aufgelistet. Phosphat, Fluorid, Bromid u.a. bilden mit Uranyl ebenfalls stabile Komplexe. Wegen ihrer, in der Regel, sehr geringen Konzentrationen im Grundwasser, wurden diese Komplexe jedoch nicht betrachtet. Nach PASHALIDIS [2007] und BEDNAR [2007] treten auch Komplexe aus Uran und organischen Liganden, wie etwa Huminstoffen auf. Da hierfür aber keine Gleichgewichtsdaten vorliegen und zudem die Chemie gelöster organischer Kohlenstoffverbindungen äußerst komplex ist, können keine Berechnungen bezüglich dieser Komplexe durchgeführt werden.

Tabelle 2.1: Gleichgewichtskonstanten

	Spezies	Reaktion	$\log K_r^{0\,(a)}$
OH^-	UO_2OH^+	$H_2O + UO_2^{2+} \rightleftharpoons H^+ + UO_2OH^+$	-5,25
	$UO_2(OH)_2$ (aq)	$2H_2O + UO_2^{2+} \rightleftharpoons 2H^+ + UO_2(OH)_2$ (aq)	-12,15
	$UO_2(OH)_3^-$	$3H_2O + UO_2^{2+} \rightleftharpoons 3H^+ + UO_2(OH)_3^-$	-20,25
	$UO_2(OH)_4^{2-}$	$4H_2O + UO_2^{2+} \rightleftharpoons 4H^+ + UO_2(OH)_4^{2-}$	-32,4
	$(UO_2)_2OH^{3+}$	$H_2O + 2UO_2^{2+} \rightleftharpoons (UO_2)_2OH^{3+} + H^+$	-2,7
	$(UO_2)_2(OH)_2^{2+}$	$2H_2O + 2UO_2^{2+} \rightleftharpoons (UO_2)_2(OH)_2^{2+} + 2H^+$	-5,62
	$(UO_2)_3(OH)_4^{2+}$	$4H_2O + 3UO_2^{2+} \rightleftharpoons (UO_2)_3(OH)_4^{2+} + 4H^+$	-11,9
	$(UO_2)_3(OH)_5^+$	$5H_2O + 3UO_2^{2+} \rightleftharpoons (UO_2)_3(OH)_5^+ + 5H^+$	-15,55
	$(UO_2)_3(OH)_7^-$	$7H_2O + 3UO_2^{2+} \rightleftharpoons (UO_2)_3(OH)_7^- + 7H^+$	-32,2
	$(UO_2)_4(OH)_7^+$	$7H_2O + 4UO_2^{2+} \rightleftharpoons (UO_2)_4(OH)_7^+ + 7H^+$	-21,9
SO_4^{2-}	UO_2SO_4 (aq)	$SO_4^{2-} + UO_2^{2+} \rightleftharpoons UO_2SO_4$ (aq)	3,15
	$UO_2(SO_4)_2^{2-}$	$2SO_4^{2-} + UO_2^{2+} \rightleftharpoons UO_2(SO_4)_2^{2-}$	4,14
	$UO_2(SO_4)_3^{4-}$	$3SO_4^{2-} + UO_2^{2+} \rightleftharpoons UO_2(SO_4)_3^{4-}$	3,02
CO_3^{2-}	UO_2CO_3 (aq)	$CO_3^{2-} + UO_2^{2+} \rightleftharpoons UO_2CO_3$ (aq)	9,94
	$UO_2(CO_3)_2^{2-}$	$2CO_3^{2-} + UO_2^{2+} \rightleftharpoons UO_2(CO_3)_2^{2-}$	16,61
	$UO_2(CO_3)_3^{4-}$	$3CO_3^{2-} + UO_2^{2+} \rightleftharpoons UO_2(CO_3)_3^{4-}$	21,84
	$(UO_2)_3(CO_3)_6^{6-}$	$6CO_3^{2-} + 3UO_2^{2+} \rightleftharpoons (UO_2)_3(CO_3)_6^{6-}$	54
	$(UO_2)_2CO_3(OH)_3^-$	$3H_2O + CO_3^{2-} + 2UO_2^{2+} \rightleftharpoons 3H^+ + (UO_2)_2CO_3(OH)_3^-$	-0,875*
	$(UO_2)_{11}(CO_3)_6(OH)_{12}^{2-}$	$12H_2O + 6CO_3^{2-} + 11UO_2^{2+} \rightleftharpoons 12H^+ + (UO_2)_{11}(CO_3)_6(OH)_{12}^{2-}$	36,36*
	$(UO_2)_3O(OH)_2(HCO_3)^+$	$3UO_2^{2+} + CO_3^{2-} + 3H_2O \rightleftharpoons (UO_2)_3O(OH)_2(HCO_3)^+ + 3H^+$	0,64*
Ca^{2+}/Mg^{2+}	$CaUO_2(CO_3)_3^{2-}$	$3CO_3^{2-} + UO_2^{2+} + Ca^{2+} \rightleftharpoons CaUO_2(CO_3)_3^{2-}$	25,4 (b)
	$Ca_2UO_2(CO_3)_3$	$3CO_3^{2-} + UO_2^{2+} + 2Ca^{2+} \rightleftharpoons Ca_2UO_2(CO_3)_3$	30,6 (b)
	$MgUO_2(CO_3)_3^{2-}$	$3CO_3^{2-} + UO_2^{2+} + Mg^{2+} \rightleftharpoons MgUO_2(CO_3)_3^{2-}$	25,8 (b)
Cl^-	UO_2Cl^+	$Cl^- + UO_2^{2+} \rightleftharpoons UO_2Cl^+$	0,17
	UO_2Cl_2 (aq)	$2Cl^- + UO_2^{2+} \rightleftharpoons UO_2Cl_2$ (aq)	-1,1
NO_3^-	$UO_2NO_3^+$	$NO_3^- + UO_2^{2+} \rightleftharpoons UO_2NO_3^+$	0,3

Daten aus (a) [GUILLAUMONT 2003], (b) [DONG 2006]

* $\log K_r^0$ berechnet aus den freien Bildungsenthalpien nach Gleichung (2.4)

Die berechnete Uranspeziation für eine Lösung, in der Natrium-Hydrogencarbonat, -Sulfat, -Chlorid, -Nitrat und Uran gelöst sind, ist in Abbildung 2.1 dargestellt. Die in die Berechnung eingehenden Anionenkonzentrationen orientieren sich an den realen Werten für Leitungswasser des Forschungszentrums Karlsruhe; für die Konzentration von Uran wurde 100 µg/L gewählt. In diesem Fall der Wasserzusammensetzung werden ausschließlich Komplexe zwischen Uranyl und den anwesenden Anionen gebildet. Im neutralen pH-Bereich sind die Carbonato-Komplexe UO_2CO_3, $UO_2(CO_3)_2^{2-}$ und $UO_2(CO_3)_3^{4-}$ die dominierenden Spezies. Der Uranyl-Sulfato-Komplex UO_2SO_4 taucht nur im sauren Bereich auf. Chloro- und Nitrato-Komplexe sind nicht stabil genug und werden nicht gebildet.

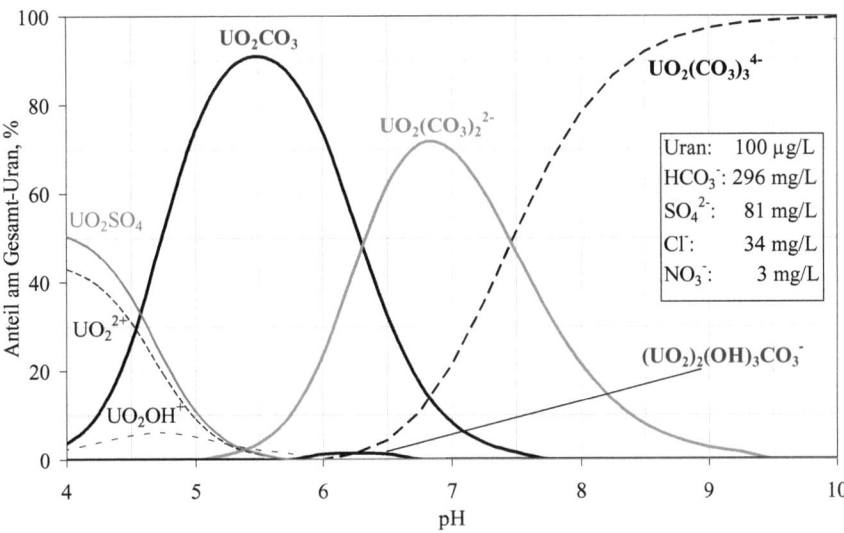

Abbildung 2.1: Uranspeziation in einer (Natrium-) Hydrogencarbonat-Sulfat-Chlorid-Nitrat-Uran-Lösung

Die Gleichgewichtsdaten für diese Berechnung wurden aus dem Standardwerk über thermodynamische Größen von Uran entnommen [GUILLAUMONT 2003]. Die erste Veröffentlichung dieser Daten erfolgte bereits 1992 [GRENTHE 1992]. 1996 wurde zum ersten Mal die Existenz des ternären Di-Calcium-tri-Carbonato-Uranyl-Komplexes $Ca_2UO_2(CO_3)_3$ veröffentlicht [BERNHARD 1996]. Fünf Jahre später erfolgte der Nachweis des negativ geladenen Calcium-tri-carbonato-Komplexes $CaUO_2(CO_3)_3^{2-}$ [BERNHARD 2001]. Die Gleichgewichtsdaten dieser Uran-Calcium-Komplexe wurden in dem zwei Jahre später veröffentlichtem Werk über sämtliche Uranspezies [GUILLAUMONT 2003] nicht berücksichtigt, da GUILLAUMONT [2003] die Vorgehensweise bei der Bestimmung der Gleichgewichtsdaten der Calcium-Uran-Komplexe stark kritisiert. Durch mehrere Veröffentlichungen ist die Existenz verschiedener Erdalkalimetall-Uran-Komplexe mittlerweile bewiesen [KALMYKOV 2000; KELLY 2005, 2008], der exakte Wert der Gleichgewichtskonstanten ist jedoch umstritten. Aus diesem Grund wurden die Werte dieser Konstanten aus den aktuellsten Veröffentlichungen [DONG 2006, 2007] entnommen; die Richtigkeit dieser Daten ist jedoch nicht gesichert.

Das Ergebnis der Speziationsrechnung, in der ebenfalls diese ternären Komplexe berücksichtigt wurden, ist in Abbildung 2.2 gezeigt. Im neutralen pH-Bereich herrscht der neutrale Komplex $Ca_2UO_2(CO_3)_3$ vor; zwischen pH 6 und 7 liegen ca. 88% des Urans in Form dieser Spezies vor. Die restlichen 12% existieren als negativ geladener Komplex $CaUO_2(CO_3)_3^{2-}$. Bei pH-Werten zwischen 7 und 9 nimmt der Anteil dieses negativ geladenen Komplexes auf Kosten des neutralen ternären Calcium-Komplexes stetig zu. Ab einem pH-Wert von 7,5 existiert auch der negativ geladene Magnesium-Komplex $MgUO_2(CO_3)_3^{2-}$, der jedoch, auf Grund der geringen Magnesiumkonzentration von 15 mg/L, nur in kleinen Anteilen auftritt.

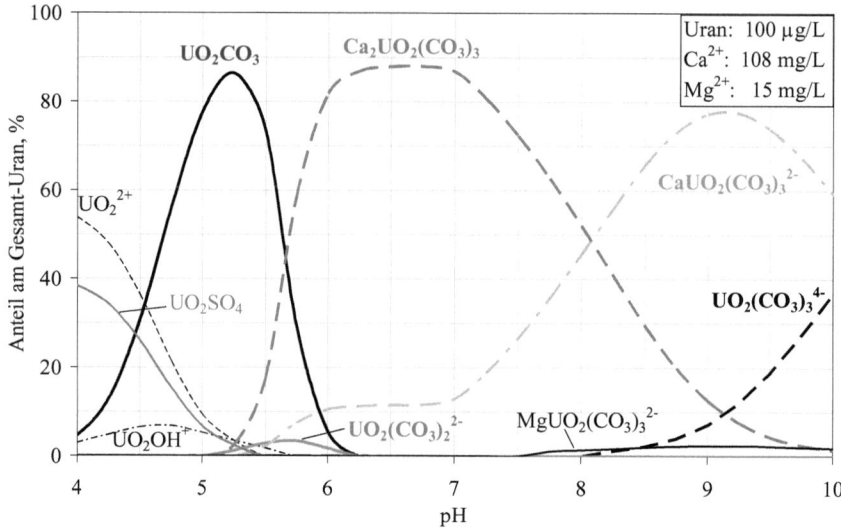

Abbildung 2.2: Uranspeziation in Calcium- und Magnesiumhaltiger Lösung, Anionenkonzentrationen wie in Abbildung 2.1

In einer weiteren Berechnung wurde der Einfluss von anorganisch gelöstem Kohlenstoff (TIC) auf die Uranspeziation überprüft. In Abbildung 2.3 sind zwei Speziationsberechnungen mit unterschiedlichem TIC und einer Urankonzentration von 1000 µg/L dargestellt. Weitere Wasserinhaltsstoffe wurden nicht berücksichtigt. Diese Bedingungen wurden gewählt, um Phänomene zu beschreiben, die im experimentellen Teil dieser Arbeit auftreten. Die Abbildungen zeigen, dass der anorganische Kohlenstoff einen starken Einfluss hat.

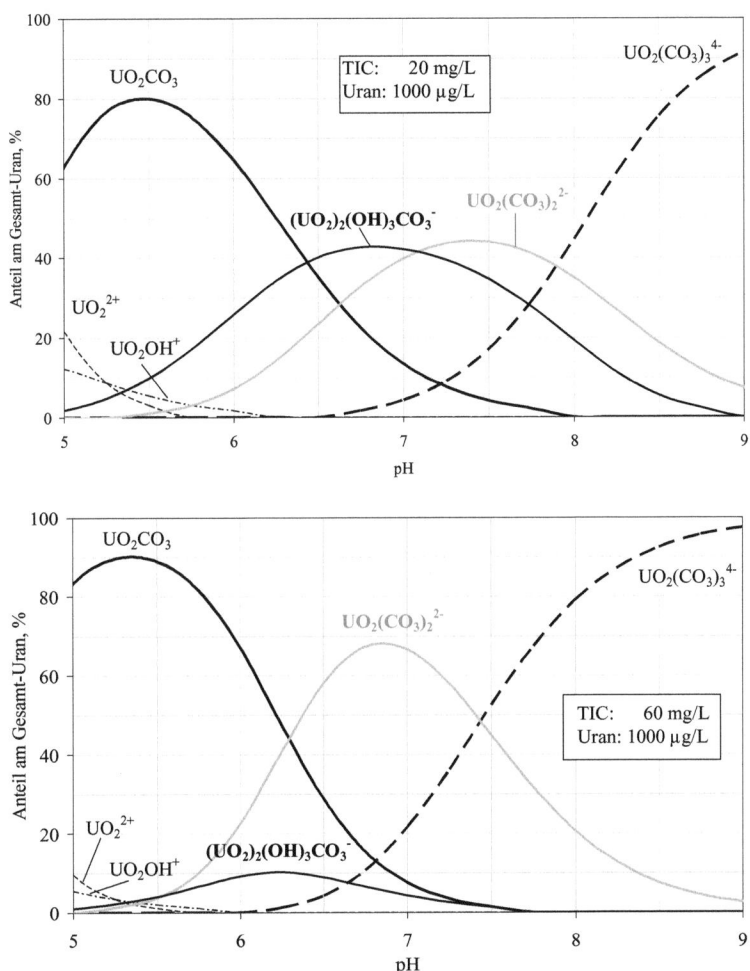

Abbildung 2.3: Uranspeziation in Abhängigkeit des anorganischen Kohlenstoffs

Mit sinkender Konzentration wird die Bildung des einfach negativ geladenen Carbonato-tri-Hydroxido-di-Uranyl-Komplexes $(UO_2)_2(OH)_3CO_3^-$ immer stärker ausgeprägt und er verdrängt sowohl den zweifach negativ geladenen Komplex $UO_2(CO_3)_2^{2-}$ wie auch den vierfach negativ geladenen Komplex $UO_2(CO_3)_3^{4-}$.

2.2 Ionenaustauscher

Der Ionenaustausch gehört zu den Sorptionsverfahren, ein Sammelbegriff für Verfahren, bei denen Stoffe an oder in einer anderen, gewöhnlich festen Phase angereichert werden. Während bei Adsorption und Absorption in der Regel nur ein Stoffes an bzw. in die andere Phase transportiert wird, ist diese Aufnahme bei Ionenaustausch mit der Abgabe äquivalenter Ionenmengen an die flüssige Phase gekoppelt, um die Bedingung der Elektroneutralität einzuhalten.

Als Ionenaustauscher bezeichnet man Stoffe, die aus einer Elektrolytlösung Ionen aufnehmen können und im Austausch dafür eine äquivalente Menge von gleichgeladenen Ionen an die Lösung abgeben. Die Ionen werden hierbei an fest verankerte, geladene Gruppen des Ionenaustauschers angelagert, den sogenannten funktionellen Gruppen. Diese müssen die Fähigkeit zur Dissoziation oder zur Aufnahme von Protonen haben, um Ladungen zu erhalten. Je nach Ladungsvorzeichen der funktionellen Gruppen kann der Ionenaustauscher Kationen oder Anionen aufnehmen. Für die Bindung von Kationen werden saure Gruppen wie Carboxyl- und Sulfonatgruppen verwendet, für die Anlagerung von Anionen, basische Gruppen wie Amino- oder Ammoniumgruppen. Je nach Dissoziations- bzw. Protonierungsstärke der Gruppen, werden die Austauscher weiterhin in stark sauer und schwach sauer bzw. in stark basisch und schwach basisch unterschieden. Obwohl es theoretisch eine große Zahl möglicher funktioneller Gruppen gibt, werden kommerziell erhältliche Austauscher nahezu nur mit den in Tabelle 2.2 aufgelisteten Gruppen hergestellt.

Tabelle 2.2: Funktionelle Gruppen von kommerziell erhältlichen Ionenaustauschern

Austauscher-Typ	Funktionelle Gruppe
Stark saurer Kationen-Austauscher	$-SO_3^-$
Schwach saurer Kationen-Austauscher	$-COO^-$
Stark basischer Anionen-Austauscher	$-\left[N(CH_3)_3\right]^+$ oder $-\left[N(CH_3)_2C_2H_4OH\right]^+$
Schwach basischer Anionen-Austauscher	$-NH_3^+$ oder $-NRH_2^+$ oder $-NR_1R_2H^+$

Die stark elektrolytischen Austauscher besitzen stark dissoziierende bzw. protonierte Gruppen. Sie behalten ihre Ladung praktisch über den gesamten pH-Bereich. Schwache Austauscher verlieren ihre Ladungen unterhalb bzw. oberhalb bestimmter pH-Werte, da ihre funktionellen Gruppen wie eine schwache Säure bzw. Base reagieren. Daher können schwach saure Austauscher generell nur bei pH-Werten oberhalb 4 – 6 verwendet werden und schwach basische Austauscher nur unterhalb eines pH-Wertes von 5 – 8. Die Grenze des jeweiligen Arbeitsbereichs wird näherungsweise über den pK-Wert angegeben. Dieser ist definiert als derjenige pH-Wert, bei dem die Hälfte der funktionellen Gruppen dissoziiert bzw. protoniert ist. Die Bestimmung des pK-Wertes ist jedoch abhängig von der experimentellen Methode und ist dadurch nicht eindeutig [HELFFERICH 1959]. Schwach basische Austauscher auf Acrylamidbasis besitzen hierbei die am stärksten basischen Aminogruppen und sind daher auch im neutralen pH-Bereich noch relativ stark protoniert [KUNIN 1964].

Die Ladungen der funktionellen Gruppen werden durch mobile Gegenionen mit entgegen gesetzten Ladungen kompensiert, welche austauschbar sind. Entsprechend den sorbierten Gegenionen erhalten die Austauscher unterschiedliche Zustandsnamen. Ein Anionenaustauscher, der mit Sulfat-Ionen beladen ist, befindet sich in der Sulfatform. Ein schwach basischer Anionenaustauscher, der mit Hydroxid-Ionen beladen ist, befindet sich in der freien Basenform. Für eine primäre Aminogruppe wird dieser Zustand mit $-NH_2 \cdot H_2O$ formuliert. Der Aufbau von Ionenaustauschern ist schematisch in Abbildung 2.4 dargestellt.

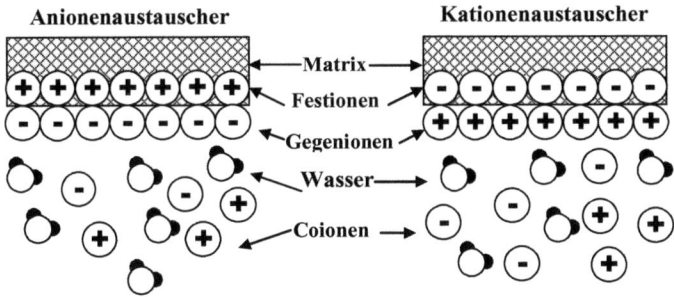

Abbildung 2.4: Schematischer Aufbau von Ionenaustauschern

Als Matrizes schwach basischer Ionenaustauschern haben sich im Laufe der Entwicklung drei verschiedene Polymerstrukturen herauskristallisiert: die mit Divinylbenzol (DVB) vernetzten Acrylamid- und Styrolcopolymere sowie das Phenol-Formaldehyd-Polykondensat [DORFNER 1991]. Allgemein besitzen Kohlenwasserstoffe, die aromatische Strukturen aufweisen, die höchste Resistenz gegen ionisierende Strahlung radioaktiver Stoffe. Unter den schwach basischen Austauschern sind somit die auf einer Styrol-Matrix basierenden Austauscherharze die stabilsten [OLAJ 1967].

2.3 Ionenaustausch mit schwach basischen Austauschern

In der Wassertechnologie werden schwach basische Austauscher in der freien Basenform hauptsächlich zur Entfernung starker Säuren bei der Vollentsalzung verwendet:

$$\overline{R-NH_2} + (H_2SO_4, HNO_3, HCl) \rightleftharpoons \overline{R-NH_3^+ (SO_4^{2-}, NO_3^-, Cl^-)} \qquad (2.6)$$

In dieser Darstellung bezeichnen überstrichene Größen immer die Austauscherphase. Alle Ionenaustauschvorgänge laufen streng stöchiometrisch ab. Wegen der Speziation, insbesondere der Oxyanionen, wird auf die Verwendung stöchiometrischer Faktoren verzichtet. In den formellen Gleichungen wird die Stöchiometrie dadurch berücksichtigt, dass (potentiell) höherwertige Spezies in Klammern gesetzt sind.

Die Aminogruppen des Austauschers werden zunächst von den Wasserstoff-Ionen der Säuren protoniert. Die dann positiv geladenen Gruppen sorbieren die Anionen. Durch die Protonierung steigt der pH-Wert an. Derselbe Austausch (zur Vereinfachung nur für Schwefelsäure) kann auch auf eine zweite Weise formuliert werden, in der ein Austausch zwischen Sulfat-Anion und Hydroxyl-Ion stattfindet:

$$\overline{R-NH_3^+\ OH^-} + (H_2SO_4) \rightleftharpoons \overline{R-NH_3^+ (SO_4^{2-})} + H_2O \qquad (2.7)$$

Der pH Anstieg in der Lösung wird hier durch die Abgabe von Hydroxyl-Ionen beschrieben.

Ionenaustauschverfahren bestehen üblicherweise aus einem periodischen Wechsel von Beladung und Regeneration. Im Beladungszyklus werden Ionen aus der Lösung entfernt, die während der Regeneration in einer zweiten Lösung angereichert werden. Für das Entfernen der Anionen von den Ionenaustauschern während der Regeneration muss das chemische Milieu geändert werden. Dies kann prinzipiell auf zwei unterschiedliche Arten geschehen: Entweder durch Beaufschlagung mit einer Lösung, die eine andere Anionenart in erheblichem Überschuss enthält oder durch Erhöhung des pH-Werts und Deprotonierung der Aminogruppen (wobei die Änderung des pH-Werts einem Konzentrationsüberschuss an OH⁻-Ionen gleich kommt).

Schwach basische Anionenaustauscher werden normalerweise mit Natronlauge regeneriert. Wird der Austauscher im Beladungszyklus mit Sulfat-Ionen beladen, kann die Regeneration folgendermaßen formuliert werden:

$$\overline{R-NH_3^+}\left(SO_4^{2-}\right) + 2\,NaOH \rightleftharpoons \overline{R-NH_2} + Na_2SO_4 + 2\,H_2O \qquad (2.8)$$

Als Regenerationsmittel für schwach basische Ionenaustauscher können auch alkalisch reagierende Lösungen wie Ammoniak und Natriumcarbonat benutzt werden. Die Effizienz ist in der Regel jedoch nicht so hoch wie bei Natronlauge.

Um das Volumen an Regenerationsmittel möglichst gering zu halten, wird die Regeneration bei geringen Volumenströmen konzentrierter Regenerierchemikalien betrieben. Hierdurch wird die Kontaktzeit zwischen Ionenaustauscher und Regenerat erhöht. Bei schwach basischen Austauscher reichen damit ca. 120% der stöchiometrischen Menge an Regenerationsmittel, um eine fast vollständige Regeneration zu erreichen.

2.4 Sorption von Uranspezies

Bei Kontakt zwischen uranhaltigem Wasser und schwach basischen Ionenaustauschern können alle negativ geladenen Uran-Komplexe aufgenommen werden. Im neutralen pH-Bereich von Grundwässern sind dies hauptsächlich die Komplexe $UO_2(CO_3)_2^{2-}$, $UO_2(CO_3)_3^{4-}$ und $CaUO_2(CO_3)_3^{2-}$ (vergleiche Kapitel 2.1). Für den zweiwertigen Uranylcarbonato-Komplex kann die Aufnahme auf zwei Arten formuliert werden: Als Austausch gegen Hydroxyl-Ionen oder als Aufnahme des Komplexes und der entsprechenden Anzahl von Protonen:

$$\overline{R-NH_3^+\,OH^-} + UO_2(CO_3)_2^{2-} \rightleftharpoons \overline{R-NH_3^+\left(UO2(CO3)_2^{2-}\right)} + OH^- \qquad (2.9)$$

$$\overline{R-NH_2} + 2\,H^+ + UO_2(CO_3)_2^{2-} \rightleftharpoons \overline{2\left[R-NH_3^+\right]\left(UO_2(CO_3)_2^{2-}\right)} \qquad (2.10)$$

3 Verfahrenstechnische Beschreibung von Sorptionsphänomenen

3.1 Gleichgewicht

Bringt man eine ein Sorptiv enthaltende Lösung mit einem Ionenaustauscher in Kontakt, dann stellt sich nach hinreichend langer Zeit ein stabiler Zustand zwischen der Restkonzentration in der Lösung und der Beladung auf dem Sorbens ein. Dieser Zustand wird als Gleichgewicht bezeichnet.

Hierbei steht die Beladung der Austauscherphase mit der Zusammensetzung der Lösung im Gleichgewicht. Der Verlauf der Gleichgewichtsbeladung einer Komponente als Funktion der Gleichgewichtskonzentration derselben Komponente bei konstanter Temperatur wird als Isotherme bezeichnet. Die Isotherme eines binären Systems kann experimentell ermittelt werden, indem ein Volumen V_L mit einer Sorptiv-Anfangskonzentration c_0 mit einer Sorbensmasse m in Kontakt gebracht wird. Auf Grund der Sorption nimmt die Konzentration in der Lösung bis zum Gleichgewichtszustand ab. Die Massenbilanz[1] um das System lautet:

$$m \cdot q_0 + V_L \cdot c_0 = m \cdot q + V_L \cdot c \qquad (3.1)$$

Betrachtet man ein zu Beginn unbeladenes Sorbens ($q_0 = 0$), erhält man

$$q = \frac{V_L}{m}(c_0 - c) \qquad (3.2)$$

Diese Gleichung beschreibt eine sogenannte Arbeitsgerade, die von dem Anfangspunkt der Sorption $\{c_0, q_0 = 0\}$ mit der Steigung $-V_L/m$ zu einem Gleichgewichtspunkt $\{c^*, q^*\}$ der Isotherme führt.

Durch Variation entweder der Anfangskonzentration oder der zu dem konstanten Volumen zugegebenen Sorbensmasse können verschiedene Punkte der Isotherme erhalten werden.

Zur mathematischen Korrelation der Isothermenpunkte gibt es eine Vielzahl von empirischen und halb-empirischen Ansätzen. In dieser Arbeit wurden die Ansätze von LANGMUIR [1918] und FREUNDLICH [1906] verwendet.

---

[1] In dieser Arbeit wird als Bezugszustand für die Masse der Zustand nach Zentrifugieren (1300fache Erdbeschleunigung für 20 Minuten) verwendet (siehe Kapitel 4).

Die Theorie nach LANGMUIR

Die LANGMUIR-Theorie wurde ursprünglich zur Beschreibung von Adsorptionsvorgängen von Gasen an feste Oberflächen verwendet [LANGMUIR 1918]. Hierbei geht man von der Annahme aus, dass im Gleichgewichtszustand die Geschwindigkeiten der Sorption und der Desorption identisch sind und dass die Sorption lediglich in einer monomolekularen Schicht möglich ist und die Anzahl der Sorptionsplätze somit limitiert ist.

Die LANGMUIR-Isotherme beschreibt den Zusammenhang zwischen der Gleichgewichtsbeladung einer Komponente i (q_i^*) und deren Gleichgewichtskonzentration c_i^* mit folgender Gleichung:

$$q_i^* = q_{max,i} \frac{K_{L,i} \cdot c_i^*}{1 + K_{L,i} \cdot c_i^*} \qquad (3.3)$$

Das Gleichgewicht wird hierbei mit den beiden Konstanten $q_{max,i}$ und $K_{L,i}$ beschrieben. Die Langmuir-Beziehung hat zwei Grenzfälle:

o Bei kleinen Konzentrationen strebt der Nenner von Gleichung 3.3 gegen Eins und die Gleichung vereinfacht sich zu:

$$q_i^* = q_{max,i} \cdot K_{L,i} \cdot c_i^* \qquad (3.4)$$

Diese Beziehung entspricht dem Gesetz von HENRY. Die Proportionalität wird hierbei durch das Produkt aus $K_{L,i}$ und $q_{max,i}$ ausgedrückt und gibt damit die Steigung der linearen Beziehung wieder.

o Bei großen Konzentrationen gilt:

$$q_i^* = q_{max,i} \qquad (3.5)$$

d.h. die Beladung strebt gegen einen Maximalwert, welcher der monomolekularen Bedeckung der Oberfläche in der Modellvorstellung entspricht.

Die LANGMUIR-Konstante $K_{L,i}$ kann so verstanden werden, dass ihr Kehrwert $1/K_{L,i}$ gerade diejenige Konzentration ist, zu der die Hälfte der Maximalbeladung $q_{max,i}/2$ im Gleichgewicht steht. Zur Veranschaulichung sind diese Zusammenhänge in Abbildung 3.1 dargestellt.

VERFAHRENSTECHNISCHE BESCHREIBUNG VON SORPTIONSPHÄNOMENEN

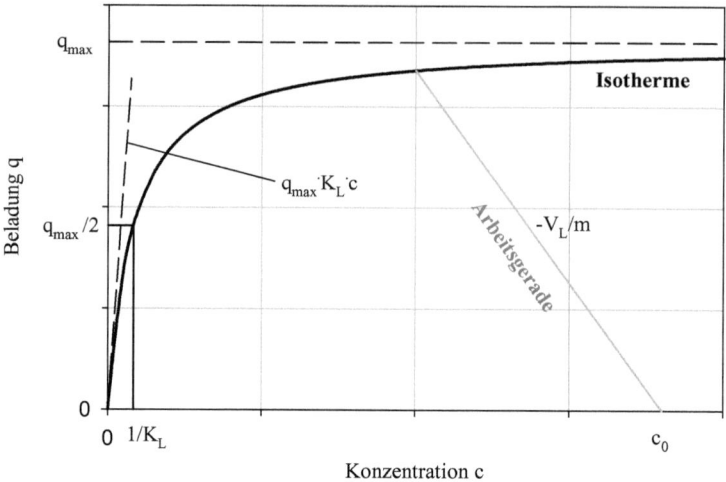

Abbildung 3.1: Isotherme und ihre Grenzfälle nach LANGMUIR mit eingezeichneter Arbeitsgerade

Die beiden Langmuir-Konstanten können auf verschiedene Weise aus experimentellen Werten ermittelt werden. Zum einen gibt es drei verschieden Methoden, Gleichung 3.3 zu linearisieren, um die Gleichgewichtskonstanten dann aus der Steigung und dem Ordinaten-Achsenabschnitt der Ausgleichsgeraden zu ermitteln. Lineare Zusammenhänge erhält man, indem entweder 1/q gegen 1/c, c/q gegen c oder q/c gegen q aufträgt [Scatchard 1946; Sontheimer 1985]. Die Konstanten können aber auch über nichtlineare Regression ermittelt werden; hierfür stehen kommerzielle Computerprogramme wie Origin©, SigmaPlot© oder TableCurve 2D© zur Verfügung.

Der Ansatz nach FREUNDLICH

Bei dem empirischen Ansatz nach FREUNDLICH [1906] werden die experimentell ermittelten Werte mit folgender Potenzfunktion korreliert:

$$q_i^* = K_{F,i} \cdot \left(c_i^*\right)^{n_i} \qquad (3.6)$$

Die beiden Konstanten K_F (FREUNDLICH-Konstante) und n (FREUNDLICH-Exponent) können mit unterschiedlichen Methoden ermittelt werden. Entweder wird Gleichung 3.6 über die Auftragung von log q über log c linearisiert und die Konstanten anschließend mit Hilfe der Steigung und des y-Achsenabschnitts einer Ausgleichsgerade ermittelt oder die Konstanten werden durch eine nichtlineare Regression von Gleichung 3.6 ermittelt.

Dimensionslose Darstellung des Gleichgewichts

Für verfahrenstechnische Berechnungen werden üblicherweise dimensionslose Konzentrationen und Beladungen eingeführt. Auf Grund der komplizierten Speziation des Urans wurden für die vorliegende Arbeit keine Äquivalentanteile, sondern die aus der Adsorption ungeladener Moleküle bekannten Definitionen verwendet:

$$X_i = \frac{c_i}{c_{0,i}} \tag{3.7}$$

$$Y_i = \frac{q_i}{q_{0,i}} \tag{3.8}$$

c_0 ist hierbei die größte auftretende Konzentration und q_0 die dazu im Gleichgewicht stehende Beladung. Mit diesen beiden dimensionslosen Größen resultieren quadratische Isothermendiagramme. Liegt darin ein konvexer Isothermenverlauf vor, so wird die entsprechende Komponente vom Austauscher bevorzugt, da schon geringe Konzentrationen mit hohen Beladungen im Gleichgewicht stehen. Bei konkavem Verlauf dagegen wird die Komponente nicht bevorzugt, man spricht von einer ungünstigen Gleichgewichtslage (Abbildung 3.2).

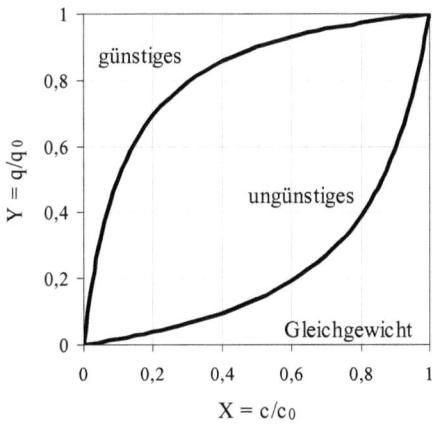

Abbildung 3.2: Isotherme in dimensionsloser Darstellung

3.2 Kinetik

Wird eine Lösung, in der ein Sorptiv gelöst ist, mit einem Sorbens in Kontakt gebracht, nimmt die Sorptiv-Konzentration in der Lösung ab, bis der Gleichgewichtszustand erreicht ist. Der zeitliche Ablauf der Sorption bis zum Erreichen dieses Gleichgewichtszustands wird als Kinetik bezeichnet.

3.2.1 Sorptionsschritte

Betrachtet man den Transport von gelösten Molekülen oder Ionen aus der Lösung an einen Feststoff, so treten hierbei verschiedene Transportschritte auf.

Aus der ideal durchmischten „freien" Lösung diffundieren die Moleküle oder Ionen durch einen an dem Partikel anhaftenden Flüssigkeitsfilm, dem sogenannten NERNST-Film (Schritt 1). Von der Oberfläche wandern die Spezies (teilweise) weiter ins Innere des Adsorbens (2). Hier findet dann die Adsorption an die innere Oberfläche statt (3).

Beim Ionenaustausch muss zu jeder Zeit und an jeder Stelle im Film und Austauscher Elektroneutralität herrschen. Daher ist hier die Diffusion von Spezies in den Austauscher überlagert bzw. gekoppelt mit einem Transport äquivalenter Mengen von gleichgeladenen Ionen in die Lösung, die zuvor auf dem Austauscher waren.

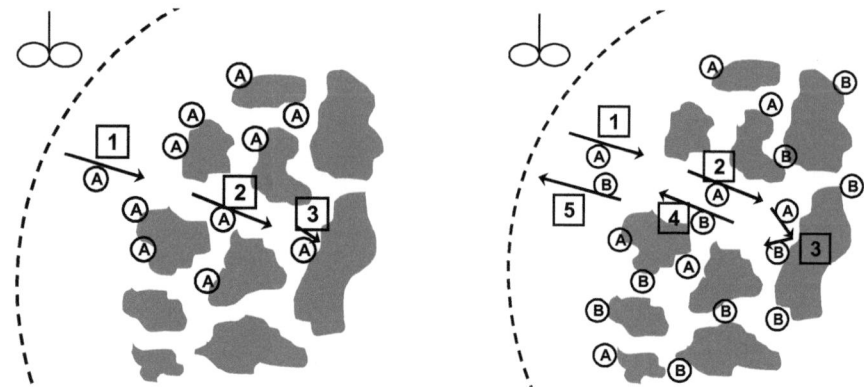

Abbildung 3.3: Schritte bei der Adsorption und beim Ionenaustausch

3.2.2 Mathematische Ansätze zur Beschreibung der Diffusion

Moleküle bewegen sich, um Konzentrationsunterschiede auszugleichen und um somit in einen energetisch stabileren Zustand zu gelangen. Auf Grund dieses Phänomens postulierte FICK [1855] das Grundgesetz des molekularen Stofftransports. Für die Diffusion in eine Raumrichtung x wird der spezifische Stoffstrom der Komponente i $\dot{n}_i$ hierbei als Produkt aus dem Diffusionskoeffizienten $D_{L,i}$ und dem Konzentrationsgradient dc_i/dx beschrieben:

$$\dot{n}_i = -D_{L,i} \frac{dc_i}{dx} \tag{3.9}$$

Da Ionen Ladungen besitzen, erfahren sie zusätzlich eine Bewegungsänderung, wenn sie elektrischen Feldern ausgesetzt sind. Elektrische Felder und damit Potentialgradienten entstehen durch die unterschiedliche Beweglichkeit der Ionenspezies. Dadurch werden schnellere Ionen abgebremst und weniger bewegliche beschleunigt. Der resultierende Stoffstrom, zusammengesetzt aus den beiden Effekten der Diffusion und der elektrischen Überführung, wird durch die NERNST-PLANCK-Gleichungen beschrieben [NERNST 1888, 1889; PLANCK 1890]. Der spezifische Stoffstrom in eine Richtung ergibt sich dann zu:

$$\dot{n}_i = -D_{L,i} \left[\frac{dc_i}{dx} + z_i \frac{c_i F}{RT} \frac{d\varphi_j}{dx} \right] \tag{3.10}$$

Die Nernst-Planck-Gleichungen beschreiben die Kinetik des Ionenaustauschs exakt, wenn weitere Phänomene wie Gradienten von Aktivitätskoeffizienten oder des Wassergehalts vernachlässigbar sind [HELFFERICH 1983]. Der Anteil der elektrischen Überführung braucht jedoch dann nicht berücksichtigt zu werden, wenn die Beweglichkeiten der sich im Austausch befindenden Ionen vergleichbar oder gleich sind (Isotopenaustausch) oder wenn beim Austausch mehrerer Ionen eine Ionenart nur im Spurenbereich vorliegt und der Transport dieser Ionen beschrieben werden soll [HELFFERICH 1959].

3.2.2.1 Externe Diffusion

Zur mathematischen Beschreibung der Diffusion durch den Film wird der Ansatz nach dem 1. FICKschen Gesetz verwendet, da das zu sorbierende Uran nur im Spurenkonzentrationsbereich vorliegt. In dem Flüssigkeitsfilm wird ein linear verlaufendes Konzentrationsprofil angenommen (siehe Abbildung 3.4), der Konzentrationsgradient wird in üblicher Weise durch den Quotienten aus der Differenz der Konzentrationen in freier Lösung und Oberfläche und der Filmdicke ausgedrückt.

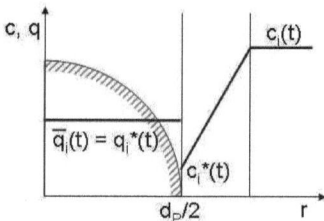

Abbildung 3.4: Konzentrations- und Beladungsverlauf nach dem Modell der Filmdiffusion

Für den Stoffstrom folgt damit:

$$\dot{n}_i = -D_{L,i} \frac{c_i - c_i^*}{\lambda} = -\beta_{L,i} \left(c_i - c_i^* \right) \qquad (3.11)$$

Der hieraus resultierende Quotient aus Diffusionskoeffizient $D_{L,i}$ und Dicke des flüssigen Films λ wird zum Stoffübergangskoeffizienten in der flüssigen Phase $\beta_{L,i}$ zusammengefasst.

Zur Berechnung der Kinetik der Sorption wird ein System betrachtet, bei dem ein gegebenes Volumen Flüssigkeit mit einer gegebenen Masse an Sorbens in Kontakt gebracht wird. Weiterhin wird angenommen, dass die Diffusion im Film der geschwindigkeitsbestimmende Schritt der Diffusion ist und die Beladung im Inneren des Partikels somit als konstant angenommen werden kann.

Aus dem kinetischen Ansatz (Gleichung 3.11) folgt für die zeitliche Änderung der Konzentration:

$$\frac{dc_i}{dt} = \frac{m \cdot a_s}{V_L} \beta_{L,i} \left(c_i - c_i^* \right) \qquad (3.12)$$

Die Massenbilanz für das gesamte System lautet:

$$V_L c_{0,i} = V_L c_i + m \cdot \overline{q}_i \qquad (3.13)$$

Mit diesen beiden Gleichungen und der Annahme, dass am Kornrand stets Gleichgewicht herrscht $\left(q_i^* = f\left(c_i^* \right) \right)$, kann für das betrachtete System der zeitliche Verlauf der Konzentration c_i und der Beladung $\overline{q}_i$ berechnet werden.

3.2.2.2 Interne Diffusion

Für die Beschreibung der Diffusion in Feststoffpartikel, deren Volumen konstant bleibt[1], gibt es generell zwei Ansätze. Zum einen kann hierbei von der Ausbildung einer scharfen Reaktions- bzw. Diffusionsfront ausgegangen werden, die sich auf Grund einer irreversiblen, chemischen Reaktion oder auf Grund einer sehr großen Bindungsstärke bei einer (einmaligen) Adsorption ergibt („unreacted core model" oder „shrinking core model"). Zum anderen existieren Ansätze, die von einer fortschreitenden Reaktion oder Diffusion über das gesamte Feststoffpartikel ausgehen („progressive-conversion"). Angewandt auf die Adsorption bildet sich bei diesem Ansatz keine scharfe Front zwischen beladener und nicht beladener Zone, sondern es liegt eine kontinuierliche Abnahme der Beladung zum Partikelzentrum hin vor („Homogene Diffusion") [LEVENSPIEL 1972; SONTHEIMER 1985].

Bei der Diffusion in schwach basischen Ionenaustauschern ist das sich ausbildende Beladungsprofil pH-abhängig. Im sauren Bereich können sich scharfe Beladungsprofile ausbilden, bei neutralem pH lassen sich keine scharfen Grenzen mehr beobachten [HÖLL 1984]. Da die Sorption von Anionen bei schwach basischen Austauschern parallel eine Aufnahme von Protonen benötigt, ist die Sorption direkt sowohl von der Protonenkonzentration als auch von der Konzentration der aufzunehmenden Ionen abhängig. Ist die Konzentration dieser Ionen oder der Protonen hoch (tiefer pH-Wert), bildet sich ein steiles Beladungsprofil aus. Im gegenteiligen Fall (niedrige Ionenkonzentration, neutraler pH-Wert) ergibt sich kein scharfes, sondern ein sigmoides Beladungsprofil [HELFFERICH 1991].

In dieser Arbeit wird die Sorption bei sehr kleinen Konzentrationen an Uran aus Grundwasser betrachtet, das neutrale pH-Werte besitzt. Aus diesem Grunde wurde als mathematisches Modell zur Beschreibung der Diffusion im Ionenaustauscher-Partikel das Modell der homogenen Diffusion verwendet.

Nachdem die Sorptivmoleküle durch die Flüssigkeit an die äußere Oberfläche des Partikels gelangt sind, werden sie von hier aus weiter in das Innere des Partikels transportiert. Bei diesem Transport ins Innere des Partikels wird die Annahme getroffen, dass er auf Grund des Gradienten der Beladung an der Oberfläche der Poren geschieht. Dieser Sachverhalt kann mit Hilfe des 1. FICKschen Gesetzes beschrieben werden:

$$\dot{n}_{S,i} = -\rho_P D_{S,i} \frac{\partial q_i}{\partial r} \qquad (3.14)$$

---

[1] Im Gegensatz zur Verbrennung, bei der das Partikelvolumen abnimmt.

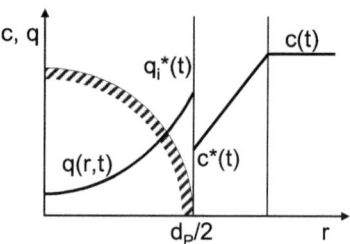

Abbildung 3.5: Konzentrations- und Beladungsverlauf bei dem Modell der kombinierten Film- und Oberflächendiffusion

Die schematischen Verläufe der Beladung im Partikel und der Konzentration in der Lösung bei der Modellvorstellung der homogenen Oberflächendiffusion im Partikelinneren, mit vorgeschalteter Diffusion durch den flüssigen Film, sind in Abbildung 3.5 dargestellt.

Bilanziert man eine differentielle Kugelschale des Ionenaustauscherkorns bezüglich ihrer sorbierten Masse, erhält man die zeitliche Beladungsänderung während der Sorption:

$$\frac{\partial q_i}{\partial t} = D_{S,i} \left(\frac{\partial^2 q_i}{\partial r^2} + \frac{2}{r} \frac{\partial q_i}{\partial r} \right) \tag{3.15}$$

Zur Lösung dieser Differenzialgleichung benötigt man als Anfangsbedingung die Beladung zum Zeitpunkt Null (meistens: $q_i(t=0) = 0$) und jeweils eine Randbedingung an der Partikeloberfläche und in der Partikelmitte. Hier wird angenommen, dass die Beladung punktsymmetrisch zum Zentrum verläuft (Gleichung 3.16) und dass der nach innen gerichtete Stoffstrom an der Partikeloberfläche gleich dem durch den Film diffundierenden Stoffstrom ist (Gleichung 3.17).

$$\frac{\partial q_i (r=0)}{\partial r} = 0 \tag{3.16}$$

$$\frac{\partial q_i \left(t, r = {d_P}/{2}\right)}{\partial r} = \frac{\beta_{L,i}}{D_{S,i} \rho_P} \left(c_i(t) - c_i^*(t) \right) \tag{3.17}$$

Mit Hilfe der Gleichgewichtsbeziehung am Kornrand,

$$q_i\left(r = {d_P}/{2}\right) = q_i^* = f\left(c_i^*\right) \tag{3.18}$$

einer Massenbilanz um das gesamte System

$$c_i(t) + \frac{m \cdot \overline{q}_i(t)}{V_L} = c_{0,i} \tag{3.19}$$

und dem Ausdruck für die mittlere Beladung

$$\overline{q}_i(t) = \frac{3}{\left({d_P}/{2}\right)^3} \int_0^{{d_P}/{2}} q_i(t,r) r^2 dr \tag{3.20}$$

kann der zeitliche Verlauf von Konzentration in der Lösung und Beladung im Korn während der Sorption berechnet werden.

3.2.2.3 Geschwindigkeitsbestimmender Schritt

Bei der Sorption laufen die in Abschnitt 3.2.1 aufgezählten Schritte hintereinander ab. Sollte einer der Teilschritte sehr langsam im Vergleich zum anderen ablaufen, spricht man von einem geschwindigkeitsbestimmenden Schritt. Ist dies der Fall, können bei der mathematischen Beschreibung des Gesamtprozesses die anderen Teilschritte vernachlässigt werden.

Theoretisch können bei der Adsorption alle drei Teilschritte (Filmdiffusion, Partikeldiffusion und Adsorption) geschwindigkeitsbestimmend werden. Beim Ionenaustausch limitiert die Sorption jedoch nie den Gesamtprozess und es kommen nur die Diffusion im flüssigen Film zum Partikel und die Diffusion im Partikel als geschwindigkeitsbestimmende Schritte in Frage [BOYD 1947]. Der Einfluss dieser beiden Transportschritte auf den Gesamtprozess kann mit Hilfe der sog. BIOT-Zahl abgeschätzt werden. Betrachtet man die Partikeloberfläche während der Sorption, so gilt zu jeder Zeit, dass dort nur diejenige Menge ins Partikelinnere diffundieren kann, die durch den Film angeliefert wird (vergleiche 2. Randbedingung bei der internen Diffusion (Gleichung 3.17)). In dimensionsloser Form mit $Y_i = q_i/q_{0,i}$, $X_i = c_i/c_{0,i}$ und $R = r/r_0 = 2r/d_P$ erhält man:

$$\frac{\partial Y_i}{\partial R} = \frac{\beta_{L,i} d_P c_{0,i}}{2 \cdot D_{S,i} \rho_P q_{0,i}} \left(X_i - X_i^*\right) = Bi_i \left(X_i - X_i^*\right) \tag{3.21}$$

Der Quotient im mittleren Teil von Gleichung 3.21 charakterisiert das Verhältnis des Transportwiderstandes im Adsorbenskorn zum äußeren Transportwiderstand und wird als BIOT-Zahl bezeichnet. Bei hohen Werten dieser dimensionslosen Kennzahl ($Bi > 50 - 100$) ist die Diffusion im Partikel geschwindigkeitsbestimmend, bei kleinen BIOT-Zahlen ($Bi < 0,5 - 1$) gibt die Filmdiffusion die Geschwindigkeit des Gesamtprozesses vor [CRITTENDEN 1980, SONTHEIMER 1988].

3.2.3 Korrelationen zur Berechnung kinetischer Parameter

Die beiden Transportparameter, Stoffübergangskoeffizient in der Flüssigphase β_L und Diffusionskoeffizient im Feststoff D_S, können sowohl experimentell ermittelt als auch berechnet werden. Da in dieser Arbeit lediglich die Transportparameter in der flüssigen Phase berechnet wurden, werden nur diese Korrelationen vorgestellt.

Die Stoffübergangskoeffizienten in der flüssigen Phase β_L werden mittels Beziehungen zwischen SHERWOOD-, REYNOLDS- und SCHMIDT-Zahl ermittelt (analog zur Wärmeübertragung). In den folgenden Gleichungen sind stoffspezifische Parameter einzusetzen, also beispielsweise $D_{L,i}$ statt D_L. Die Definitionen dieser Kennzahlen lauten folgendermaßen:

$$Sh = \frac{\beta_L d_P}{D_L} \quad (3.22)$$

$$Re = \frac{v_F d_P}{\varepsilon \cdot v} \quad (3.23)$$

$$Sc = \frac{v}{D_L} \quad (3.24)$$

Für die Berechnung der Sherwood-Zahl gibt es verschiedene Ansätze, in Tabelle 3.1 sind die in dieser Arbeit verwendeten aufgelistet.

Tabelle 3.1: Berechnungskorrelationen für den Stoffübergangskoeffizienten in Schüttungen

Korrelation und Gültigkeitsbereich	Literatur
$Sh = 1,09 \cdot \varepsilon^{-2/3} Re^{1/3} Sc^{1/3}$ (3.25) $0,0016 < \varepsilon \cdot Re < 55$ $950 < Sc < 70000$	[WILSON 1966]
$Sh = 1,85 \cdot \left(\dfrac{1-\varepsilon}{\varepsilon}\right)^{1/3} Re^{1/3} Sc^{1/3}$ (3.26) $Re \dfrac{\varepsilon}{1-\varepsilon} < 100$	[KATAOKA 1972]
$Sh = \dfrac{1}{\varepsilon}\left(0,765 \cdot (\varepsilon \cdot Re)^{0,18} + 0,365 \cdot (\varepsilon \cdot Re)^{0,614}\right) \cdot Sc^{1/3}$ (3.27) $0,01 < Re < 15000$	[DWIVEDI 1977]
$Sh = \left(2 + \sqrt{Sh_{lam}^2 + Sh_{tur}^2}\right)(1 + 1,5 \cdot (1-\varepsilon))$ $Sh_{lam} = 0,644 \cdot Re^{1/2} Sc^{1/3}$ $Sh_{tur} = \dfrac{0,037 \cdot Re^{0,8} Sc}{1 + 2,443 \cdot Re^{-0,1}\left(Sc^{2/3} - 1\right)}$ (3.28) $Re \cdot Sc > 500$ $Sc < 12000$	[GNIELINSKI 1978]

Mit diesen Ansätzen kann aus den hydrodynamischen Randbedingungen der Stoffübergangskoeffizient $\beta_{L,i}$ berechnet werden. Hierzu muss jedoch der Diffusionskoeffizient in der flüssigen Phase $D_{L,i}$ bekannt sein, der nach dem empirischen Ansatz von WORCH [1993] in Abhängigkeit der molaren Masse des diffundierenden Stoffes M_i in g/mol abgeschätzt werden kann.

$$D_{L,i} = 3,595 \cdot 10^{-14} \frac{T}{\eta \cdot M_i^{0,53}} \quad (3.29)$$

In dieser Gleichung ist T die Temperatur in K und η die dynamische Viskosität in Pa·s, der ermittelte Diffusionskoeffizient erhält die Einheit m²/s. Ursprünglich wurde dieser Ansatz für neutrale organische Stoffe ermittelt, die Bestimmung von Diffusionskoeffizienten von Ionen wurde mit dieser Korrelation ebenfalls erfolgreich angewandt [GROEN 2000; SPERLICH 2005, 2008].

Eine zweite Möglichkeit, den Diffusionskoeffizienten in einer Flüssigkeit zu berechnen, existiert in der EINSTEIN-Beziehung [ATKINS 2002].

$$D_{L,i} = \frac{u_i \cdot R \cdot T}{z_i \cdot F} \qquad (3.30)$$

Hier wird der Diffusionskoeffizient der Ionen in Abhängigkeit der Ionenbeweglichkeit u_i beschrieben. Typische Wert für Ionen liegen im Bereich u = 5·10^{-8} m²/sV, für Uranyl-Carbonato-Komplexe liegen jedoch keine Werte vor.

Eine weitere Alternative gibt die STOKES-EINSTEIN-Gleichung, welche den Diffusionskoeffizienten mit Hilfe des Molekülradius' der diffundierenden Teilchen r_i beschreibt [ATKINS 2002].

$$D_{L,i} = \frac{k_B T}{6\pi \cdot \eta \cdot r_i} \qquad (3.31)$$

3.3 Durchbruchsverhalten in Sorptionsfiltern

3.3.1 Grundlagen

Durchströmt eine Lösung eine Schüttung, nehmen Ionenaustauscherpartikel Gegenionen aus der Lösung auf, bis die Beladung im Gleichgewicht mit der Anfangskonzentration der Lösung steht. Die Erhöhung der Beladung in einer Filterschicht führt zu einer entsprechenden Abnahme der Konzentration in der Flüssigkeit. Deshalb bilden sich Konzentrations- und Beladungsprofile innerhalb des Filters aus, die in Fließrichtung durch den Filter wandern. Letztlich kann der Filter nicht mehr alle Gegenionen aufnehmen und ihre Konzentration im Abfluss des Filters steigt.

Konzentrationen und Beladungen sind folglich sowohl eine Funktion vom Ort als auch von der Zeit. Zur Veranschaulichung ist in Abbildung 3.6 der Beladungsverlauf von Natrium q_{Na} bei dem Kationen-Austausch $\overline{R^-Na^+} + H^+ \rightleftharpoons \overline{R^-H^+} + Na^+$ dargestellt.

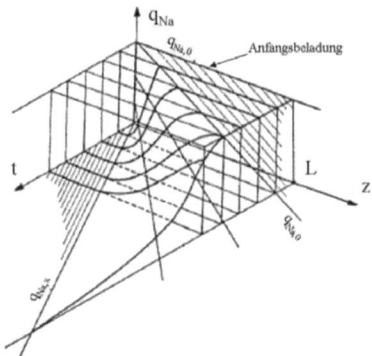

Abbildung 3.6: Beladungsverlauf in einer Filterkolonne beim Ionenaustausch [TONDEUR 1986]

Für den binären Austausch sind die zeit- und ortsabhängigen Konzentrationen bzw. Beladungen somit Flächen im dreidimensionalen Raum. Hält man hierin die Zeit t konstant, sind die Konzentrationen/Beladungen nur noch abhängig von der Position der Filterlänge z. Die resultierende Beziehung $c_i = c_i(z)$ wird Konzentrationsprofil genannt. Betrachtet man die Konzentration an einer fixen Position im Filter, erhält man die Beziehung $c_i = c_i(t)$. Nimmt man als Position den Filterausfluss L, bezeichnet man den Konzentrationsverlauf als Durchbruchskurve. Als dritte Möglichkeit kann man die Konzentration konstant halten und erhält damit einen Zusammenhang zwischen Ort und Zeit einer fixen Konzentration $z = z(t)_{c\,=\,konst}$. Seine Ableitung $(dz/dt)_c = v_c$ wird als Konzentrationsgeschwindigkeit bezeichnet, also als diejenige Geschwindigkeit, mit der sich eine bestimmte Konzentration durch den Filter bewegt. Sie berechnet sich nach Gleichung 3.32 und ist direkt abhängig vom Quotient $\partial q/\partial c$ bzw. $\partial Y/\partial X$.

$$v_c = \frac{v_F}{\varepsilon + (1-\varepsilon)\,\rho_P \left(\dfrac{\partial q}{\partial c}\right)_z} = \frac{v_F}{\varepsilon + (1-\varepsilon)\,\rho_P \dfrac{q_0}{c_0}\left(\dfrac{\partial Y}{\partial X}\right)_z} \qquad (3.32)$$

Durch diese Abhängigkeit ergeben sich niedrige Konzentrationsgeschwindigkeiten bei niedrigen Konzentrationen und hohe Konzentrationsgeschwindigkeiten bei hohen Konzentrationen, wenn eine günstige Gleichgewichtslage vorliegt (vergleiche Abbildung 3.2). Im Fall eines ungünstigen Gleichgewichts verhalten sich die Konzentrationsgeschwindigkeiten umgekehrt. Gleichung 3.32 verdeutlicht damit, wie die Gleichgewichtslage das Durchbruchsverhalten beeinflusst.

3.3.1.1 Einfluss der Gleichgewichtslage

Die Lage des Gleichgewichts kann sich auf die Konzentrationsverläufe in einem Filter in unterschiedlicher Weise auswirken (Abbildung 3.7). Wenn ein günstiges Gleichgewicht herrscht, so hat die Isotherme einen konvexen Verlauf und ihre die Steigung dY/dX hat bei kleinen Konzentrationen einen höheren Wert als bei großen Konzentrationen. Mit zunehmendem Wert dieser Steigung sinkt die Konzentrationsgeschwindigkeit. Daraus folgt, dass sich hohe Konzentrationen schneller durch den Filter bewegen als niedrige Konzentrationen. Deshalb versucht sich das Konzentrationsprofil aufzurichten und man erhält ein Profil wie im linken Teil von Abbildung 3.7. Liegt eine ungünstige Gleichgewichtslage vor, besitzen niedrige Konzentrationen eine geringere Steigung dY/dX und dadurch eine höhere Konzentrationsgeschwindigkeit als hohe Konzentrationen. In diesem Fall verbreitert sich das Konzentrationsprofil proportional zur Laufzeit des Filters (rechter Teil in Abbildung 3.7).

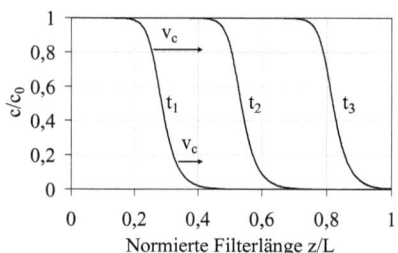 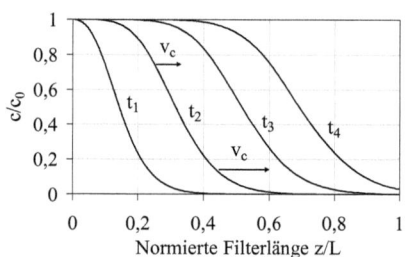

Abbildung 3.7: Unterschiedliche Muster bei der Ausbreitung der Konzentrationen in einem Filter

3.3.1.2 Einfluss der Kinetik

Die Tatsache, ob entweder Film- oder Partikeldiffusion geschwindigkeitsbestimmend sind, hat einen Einfluss auf die Form der Durchbruchskurve. Kontrolliert die Filmdiffusion den gesamten Prozess, kommt es zu einem vorzeitigen Durchbruchsbeginn, bei dem die Ablaufkonzentration schon relativ früh langsam ansteigt. Später nähert sie sich dann schnell der Eingangskonzentration an. Ist die Partikeldiffusion bestimmend, kommt es zu einem späteren und zu Beginn steilen Durchbruch, der sich anschießend abflacht. (Abbildung 3.8). Beeinflussen beide Teilschritte den Durchbruch, so hat die Durchbruchskurve eine nahezu punktsymmetrische, sigmoide Form.

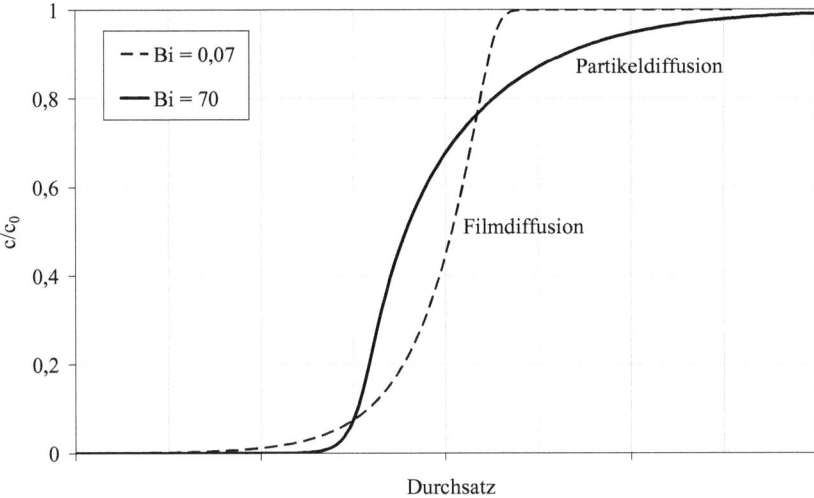

Abbildung 3.8: Unterschiedliche Form der Durchbruchskurven durch den Einfluss der Kinetik

3.3.1.3 Durchbruchsverhalten bei drei Komponenten

Bei einem Austausch mit zwei Ionenarten im Zulauf tritt ein komplexeres Durchbruchsverhalten auf. In dem Fall, dass der Austauscher ursprünglich mit H^+ Ionen beladen ist und mit einer Lösung durchspült wird, die sowohl Na^+ als K^+ Ionen enthält, ergibt sich die in Abbildung 3.9 dargestellte Durchbruchskurve. So bevorzugt der Austauscher die Kalium-Ionen vor den Natrium-Ionen und diese vor den Hydroxyl-Ionen ($K^+ > Na^+ > H^+$). Zu Beginn der Sorption werden Na^+ und K^+ vom Austauscher aufgenommen und H^+ abgegeben. Durch die bevorzugte Aufnahme der Kalium-Ionen bildet sich am Filtereingang eine Zone, die mit K^+ beladen ist. Dahinter bildet sich eine Zone aus, in der H^+ durch Na^+ ausgetauscht wird. Der restliche Teil des Austauschers hinter dieser zweiten Zone ist weiterhin mit H^+ beladen. An der Grenze zwischen den mit K^+ und Na^+ beladenen Zonen ersetzten K^+-Ionen aus der Lösung ständig Na^+-Ionen auf dem Austauscher. Am Ende der natriumreichen Zone wird entsprechend Na^+ aus der Lösung gegen H^+ vom Austauscher getauscht. Somit wandern die Zonen durch das Filterbett. Erreicht die mit Natrium beladene Zone das Filterende, kann kein Natrium mehr aufgenommen werden und die Ablaufkonzentration an Natrium steigt an. Die Menge an Na^+ am Filterausgang setzt sich hierbei aus Ionen zusammen, die einerseits aus der Rohlösung stammen und andererseits vom Austauscher gegen K^+ getauscht werden. Dadurch steigt die Natriumkonzentration über den ursprünglichen Wert an. Erreicht die

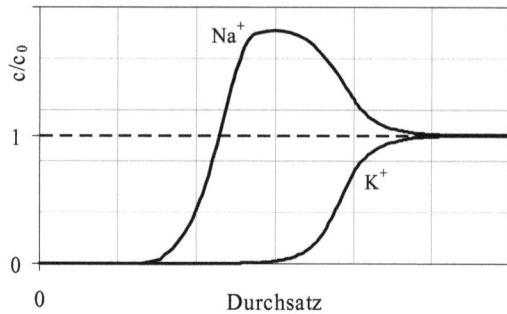

Abbildung 3.9: Durchbruchsverhalten beim ternären Ionenaustausch

kaliumreiche Zone das Ende des Filters, sinkt die Natriumkonzentration und die Kaliumkonzentration steigt an bis die Eingangskonzentrationen erreicht sind.

3.3.2 Mathematische Beschreibung

Die in dieser Arbeit verwendeten Modelle zur Berechnung des Durchbruchverhaltens in Sorptionsfiltern sind das Modell des stöchiometrischen Durchbruchs und das Modell der kombinierten Film- und Oberflächendiffusion. Diese beiden Modelle werden im Folgenden beschrieben.

3.3.2.1 Stöchiometrischer Durchbruch

Bei diesem Modell wird ein binärer Austausch (oder die Sorption eines Stoffes) betrachtet. Angenommen wird eine ideale Kolbenströmung in der Schüttung, das Vorhandensein einer günstigen Gleichgewichtslage und eine unendlich schnelle Kinetik. Dadurch stellt sich das Gleichgewicht zwischen Konzentration und Beladung spontan ein und die Ablaufkonzentration steigt bei $t_{stöch}$ sprunghaft auf ihren Eingangswert an (Abbildung 3.10).

Bilanziert man die Masse des Sorptivs bis zum Zeitpunkt des stöchiometrischen Durchbruchs $t_{stöch}$, ergibt sich

$$c_0 \cdot V_{stöch} = q_0 \cdot \rho_F \cdot V_F + c_0 \cdot \varepsilon \cdot V_F \qquad (3.33)$$

Die gesamte in den Filter eingebrachte Menge an Sorptiv (linke Seite) wird in dem beladenen Filtermaterial (1. Summand der rechten Seite) und in der Lösung im Zwischenraum der Filterschüttung (2. Summand) wiedergefunden.

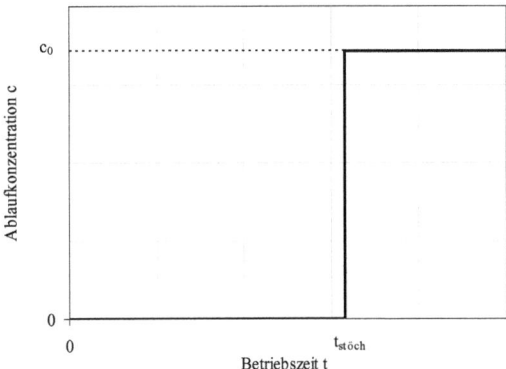

Abbildung 3.10: Stöchiometrische Durchbruchskurve

Unter der Annahme, dass die im flüssigen Zwischenraum gespeicherte Masse im Gegensatz zu der auf dem Filter vernachlässigt werden kann, wird der Zeitpunkt des stöchiometrischen Durchbruchs errechnet, indem man das Durchsatzvolumen bis zu diesem Zeitpunkt $V_{stöch}$ durch den Volumenstrom $\dot{V}$ teilt.

$$t_{stöch} = \frac{q_0 \cdot \rho_F \cdot V_F}{c_0 \cdot \dot{V}} \quad (3.34)$$

Das durchgesetzte Flüssigkeitsvolumen in Bettvolumina zum Zeitpunkt des stöchiometrischen Durchbruchs ergibt sich aus:

$$V_{stöch} = \dot{V} \cdot t_{stöch} \quad (3.35)$$

Durch Division durch das Volumen der Schüttung VF erhält man das durchgesetzte Volumen in Vielfachen des Schüttvolumens, bezeichnet als Bettvolumen (BV):

$$V_{stöch}[BV] = \frac{V_{stöch}}{V_F} = \frac{q_0}{c_0} \rho_F \quad (3.36)$$

Die Definition für die Einheit Bettvolumina und zusätzlich verwendete verfahrenstechnische Größen sind in Tabelle 3.2 aufgelistet.

Tabelle 3.2: Verfahrenstechnische Parameter zur Beschreibung des Filterdurchbruchs

Größe		Berechnung	Einheit
Filtergeschwindigkeit	v_F	$\dfrac{\dot{V}}{A_F}$	m/s
Effektive Aufenthaltszeit	τ	$\dfrac{V_F \cdot \varepsilon}{\dot{V}}$	s
Kapazitätsfaktor	C_F	$\dfrac{q_0 \cdot m}{c_0 \cdot \varepsilon \cdot V_F}$	-
Bettvolumina	BV	$\dfrac{V_L}{V_F}$	-

3.3.2.2 Ansatz der kombinierten Film- und Oberflächendiffusion

Die Beschreibung des Durchbruchverhaltens eines Filters geht aus von der Massenbilanz um die flüssige Phase eines differentiellen Filterelements der Höhe dz. In allgemeiner Form lautet die Bilanz:

$$\dot{N}_{Speicherung} = \dot{N}_{Konvektion} + \dot{N}_{Dispersion} - \dot{N}_{Sorption} \qquad (3.37)$$

Diese Gleichung beschreibt die Änderung der Masse im Bilanzraum durch die zu- und abgeführten Ströme durch den Fluss der Lösung (Konvektion), die zu- und abgeführten Ströme durch axiale Diffusion auf Grund von Konzentrationsunterschieden in der Lösung (Dispersion) und den abnehmenden Stoffstrom durch die Sorption (vergleiche Abbildung 3.11).

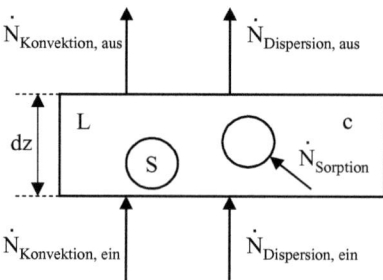

Abbildung 3.11: Massenbilanz um die flüssige Phase eines differentiellen Filterelementes dz

Vernachlässigt man den Dispersionsterm und schreibt die einzelnen Summanden aus, ergibt sich:

$$\varepsilon \cdot A_F dz \frac{\partial c(t,z)}{\partial t} = -v_F A_F dz \frac{\partial c(t,z)}{\partial z} - \rho_F A_F dz \frac{\partial \overline{q}(t,z)}{\partial t} \qquad (3.38)$$

Unter Annahme kugelförmiger Partikel und durch Gleichsetzen des äußeren Stoffstroms ($\dot{N}_L = \pi \cdot d_P^2 \cdot \beta_L (c - c^*)$) mit der Beladungsänderung am Partikelrand ($\dot{N}_S = \pi/6 \cdot d_P^3 \cdot \rho_P \cdot \partial \overline{q}/\partial t$) erhält man eine Gleichung, die die zeitliche Änderung der mittleren Beladung beschreibt:

$$\frac{\partial \overline{q}(t,z)}{\partial t} = \frac{6 \cdot \beta_L}{\rho_P \cdot d_P} \left(c(t,z) - c(t,z)^* \right) \qquad (3.39)$$

Setzt man Gleichung 3.39 in Gleichung 3.38 ein, dividiert durch $A_F d_z$ und verwendet den Zusammenhang $\rho_F = \rho_P (1-\varepsilon)$ zwischen Filter-, Partikeldichte und Schüttungsporosität, erhält man:

$$\varepsilon \frac{\partial c(t,z)}{\partial t} + v_F \frac{\partial c(t,z)}{\partial z} + \frac{6 \cdot \beta_L (1-\varepsilon)}{d_P} \left(c(t,z) - c^*(t,z) \right) = 0 \qquad (3.40)$$

Das gewünschte Ziel ist die Berechnung der drei Größen Konzentration c, Konzentration an der Partikeloberfläche c^* und die Beladung im Partikelinneren q (vergleiche Abbildung 3.5). Diese drei Größen sind sowohl abhängig von der Zeit t als auch von der radialen und/oder der axialen Ortskoordinate r und z. Um sie zu berechnen, bedient man sich zusätzlich zur Massenbilanz eines kinetischen Ansatzes und der Gleichgewichtsbeziehung an der Partikeloberfläche [Sontheimer 1985]. Die Beschreibung der Kinetik, inklusive Anfangs- und Randbedingungen, ist identisch zu der in Kapitel 3.2.2.2. Sie führt zur Darstellung der zeitlichen Änderung der Beladung:

$$\frac{\partial q(t,z,r)}{\partial t} = D_S \left(\frac{\partial^2 q(t,z,r)}{\partial r^2} + \frac{2}{r} \frac{\partial q(t,z,r)}{\partial r} \right) \qquad (3.41)$$

Die Gleichgewichtsbeziehung am Partikelrand lautet:

$$q\left(t, z, r = \frac{d_P}{2}\right) = q^*(t,z) = f\left(c^*(t,z)\right) \qquad (3.42)$$

Mit den Gleichungen 3.40 bis 3.42 stehen drei gekoppelte Gleichungen zur Verfügung, um die Konzentrationen c(t, z) und c^*(t, z) sowie die Beladungen q(t, z, r) und $\overline{q}$(t, z) zu berechnen. Diese Differenzialgleichungen müssen für die jeweiligen Anfangs- und Randbedingungen gelöst werden.

Dimensionslose Schreibweise

Werden die Stoffströme im Sorbens und im Film auf den konvektiven Stoffstrom in die Filterschüttung bezogen, resultieren hieraus die dimensionslosen Kennzahlen DIFFUSIONSMODUL Ed und modifizierte STANTON-Zahl St. [SONTHEIMER 1988]:

$$Ed = \frac{4 \cdot D_S \cdot C_F \cdot \tau}{d_P^2} \tag{3.43}$$

$$St^* = \frac{2(1-\varepsilon)\tau \cdot \beta_L}{\varepsilon \cdot d_P} \tag{3.44}$$

C_F ist hierbei der Kapazitätsfaktor und beschreibt den Zusammenhang zwischen der im flüssigen Filterzwischenvolumen gespeicherten Masse an Sorptiv und der maximal im Sorbens speicherbaren Masse. Die Definition ist in Tabelle 3.2 zu finden.

Das DIFFUSIONSMODUL Ed beschreibt hierbei das Verhältnis von (möglicher) Partikeldiffusion zum Transport durch die Strömung im Filter. Bei hohen Werten kann also viel Sorptiv in das Partikel abtransportiert werden und nur wenig wird konvektiv weiter durch den Sorptionsfilter transportiert. Die modifizierte STANTON-Zahl St^* spiegelt das Verhältnis zwischen Diffusion im flüssigen Film und dem axialen Transport durch die Strömung wider. Dividiert man diese beiden Größen durch einander, erhält man die BIOT-Zahl Bi:

$$Bi = \frac{d_P \cdot c_0 \cdot \beta_L}{2 \cdot \rho_P \cdot q_0 \cdot D_S} = \frac{St^*}{Ed} \quad [1] \tag{3.45}$$

Sie schildert das Verhältnis von Filmdiffusion zu Partikeldiffusion. Genau wie bei der Betrachtung der Kinetik am Einzelkorn (Kapitel 3.2.2.3) kann mit ihrer Hilfe abgeschätzt werden, ob einer der Diffusionsschritte geschwindigkeitsbestimmend ist. Bei hohen Werten der BIOT-Zahl ($Bi > 50 - 100$) ist die Partikeldiffusion im Filter geschwindigkeitsbestimmend, bei kleinen Werten ($Bi > 0,5 - 1$) ist die Diffusion im Film bestimmend [CRITTENDEN 1980; SONTHEIMER 1988].

---

[1] Die Biot-Zahl Bi geht in die Randbedingung der Gleichung (3.48) mit folgender Formulierung ein: $\partial Y/\partial R\,(R=1) = Bi(X-X^*)$, vergleiche auch Gleichung (3.21).

Werden die Gleichungen 3.40 bis 3.42 zusätzlich zu diesen Kenngrößen mit den in Tabelle 3.3 angegebenen Größen umgeformt, resultiert daraus folgendes (dimensionsloses) Gleichungssystem:

$$\frac{\partial Y}{\partial T} = Ed \frac{\partial^2 Y}{\partial R^2} + \frac{2}{R} \frac{\partial Y}{\partial R} \qquad (3.46)$$

$$Y\left(r = \frac{d_P}{2}\right) = f\left(X^*\right) \qquad (3.47)$$

$$\frac{1}{C_F} \frac{\partial X}{\partial T} + \frac{\partial X}{\partial Z} + 3 \cdot St * \left(X - X^*\right) = 0 \qquad (3.48)$$

Tabelle 3.3: Dimensionslose Größen zur Beschreibung des Filterverhaltens

Dimensionslose Filterlaufzeit	$T = \dfrac{t}{\tau \cdot C_F}$	(3.49)
Axialkoordinate	$Z = \dfrac{z}{L}$	(3.50)
Radialkoordinate	$R = \dfrac{2 \cdot r}{d_P}$	(3.51)
Konzentration	$X = \dfrac{c}{c_0}$	(3.52)
Beladung	$Y = \dfrac{q}{q_0}$	(3.53)

4 Experimenteller Teil

4.1 Verwendete Ionenaustauscher

Für die Untersuchungen zur Entfernung von Uran aus Grundwässern wurden ausschließlich kommerziell erhältliche, schwach basische Anionenaustauscher verwendet. Die Auswahl umfasste Austauscherharze mit drei unterschiedlichen Matrixtypen (Styrol-, Acrylamid- und Phenolformaldehydbasis). Die verwendeten Austauscher sind in Tabelle 4.1 aufgelistet.

Tabelle 4.1: Verwendete Ionenaustauscherharze inklusive Herstellerangaben

	Amberlite IRA 67	Amberlite IRA 96	Lewatit MP 62	Lewatit S 4528	Duolite A 7	Purolite A 830
Matrix	Acryl-Amid-DVB	Styrol-DVB	Styrol-DVB	Styrol-DVB	Phenol-Form-aldehyd	Acryl-Amid-DVB
Funktionelle Gruppe	Tertiäre, sekundäre und wenige quarternäre Amin.[1]	Tertiäre Amin.	Tertiäre Amin.	Tertiäre und quarternäre Amin.	Sekundäre Amin.	Verschied. Amin.
d_P, mm	0,5 – 0,75	0,3 – 1,18	0,47	0,4 – 1,25	0,3 – 1,2	0,6 – 0,85
q_{max}, eq/L	1,6	1,25	1,7	1,7	2,1	2,75

Die Austauscher wurden mit dreimaliger abwechselnder Beaufschlagung mit Salzsäure (1 mol/L) und Natronlauge (1 mol/L) mit zwischenzeitlichem Spülen mit VE-Wasser vorbehandelt, um eventuelle Verunreinigungen aus der Produktion zu entfernen. Am Ende dieser Behandlung befanden sich die Austauscher in der freien Basenform und wurden in VE-Wasser gelagert. Durch 20-minütiges Zentrifugieren bei 1300-facher Erdbeschleunigung vor den Experimenten konnten die Austauscher in einen definierten, miteinander vergleichbaren Zustand gebracht werden. Die absolute Masse der Austauscher kann durch Trocknen erreicht werden; da hierbei jedoch die Austauscherharze beschädigt werden, ist dieser exakte Bezugszustand nicht zweckmäßig.

---

[1] Der Anteil der quarternären, stark basischen Aminogruppen ist bei diesem Austauscher kleiner 5% [PELLNY 2007]

Für die Untersuchungen der Kinetik wurden zwei Partikelgrößenfraktionen mit Durchmessern von 0,5 bis 0,7 mm und von 0,7 bis 0,9 mm ausgesiebt.

4.2 Charakterisierung der Austauscher

Im Rahmen der Charakterisierung wurde die Dichte der Austauscherschüttung ρ_F und der Austauscherpartikel ρ_P und die Porosität der Schüttung ε experimentell bestimmt. Hierfür wurde der Ionenaustauscher für 20 Minuten bei 1300-facher Erdbeschleunigung zentrifugiert und anschließend seine Masse bestimmt. Diese Menge wurde in einen Messzylinder eingefüllt, der dann mit Wasser aufgefüllt wurde, bis der Wasserspiegel und die Oberkante der Austauscherschüttung dasselbe Niveau erreicht hatten. Aus dem Volumen der Schüttung V_F, dem Volumen des zugegebenen Wassers V_{H2O} und der Masse des Austauschers m ergeben sich Dichten und Porosität der Schüttung nach folgenden Gleichungen:

$$\varepsilon = \frac{V_{H2O}}{V_F} \qquad \rho_F = \frac{m}{V_F} \qquad \rho_P = \frac{\rho_F}{1-\varepsilon} \qquad (4.1)$$

4.3 Untersuchung des Sorptionsgleichgewichts

Die Gleichgewichtslage der Sorption von Uranspezies an schwach basische Ionenaustauscher wurden in der Form untersucht, dass unterschiedliche Massen an Ionenaustauscher (0,01 bis 1 g) mit einem Volumen von 4 L uranhaltiger Lösung in Kontakt gebracht und für mindestens 60 Stunden bei Raumtemperatur geschüttelt wurden. Die Wassermatrix der Lösung bestand entweder aus Leitungswasser oder aus Reinstwasser. Im letzen Fall wurde zusätzlich Natrium-Hydrogencarbonat hinzugegeben, um die Bildung der Uranyl-Carbonato-Komplexe zu gewährleisten. Die Anfangskonzentration an Uran wurde in der Regel auf 1000 µg/L eingestellt, um hinsichtlich der Urananalytik in einem gut messbaren Konzentrationsbereich zu liegen. Unterschiedliche pH-Werte wurden durch die Zugabe unterschiedlicher Verhältnisse von Imidazol-Puffer und Salzsäure erreicht, die Konzentration an Imidazol betrug üblicherweise 10 mmol/L. Dieser Puffer wurde gewählt, da er leicht zu dem Imidazolium-Kation umgewandelt wird (Abbildung 4.1). Dies hat zum einen den Vorteil, dass dieses Kation nicht in Konkurrenz um die Sorptionsplätze der Anionentauscher steht; zum anderen ist dieses Kation mesomeriestabilisiert, wodurch es schwer eine chemische Verbindung mit den Uranspezies bilden und somit die Sorption beeinflussen kann.

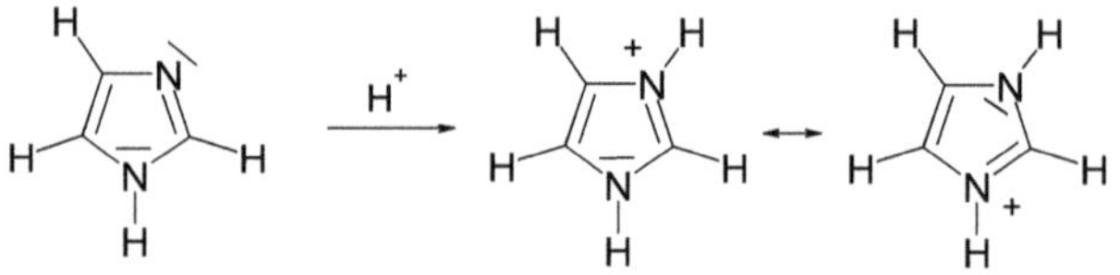

Abbildung 4.1: Imidazol und seine protonierten und mesomeriestabilisierten Kationen

Nach der Gleichgewichtseinstellung wurden die Konzentration an Uran und der pH-Wert gemessen (siehe Anhang 8.3). Aus der Gleichgewichtskonzentration wurde über eine Massenbilanz die Beladung des Austauschers berechnet und über die Korrelationen aus Kapitel 3.1 die Sorptionsisotherme ermittelt.

Um den Einfluss des pH-Wertes auf die Kapazität der unterschiedlichen Austauscher miteinander zu vergleichen, wurde die sorbierte Menge an Chlorid in Abhängigkeit des pH-Wertes bestimmt. Hierzu wurden je 2 g Ionenaustauscher mit Chlorid enthaltenden Lösungen mit konstanter Ionenstärke aber unterschiedlichen pH-Werten für mindestens 60 h in Kontakt gebracht. Diese Lösungen wurden hergestellt, indem 100 mL NaCl-Lösung (1 mol/L) und verschiedene Verhältnisse von HCl (0,05 mol/L) und VE-Wasser bzw. NaOH (0,05 mol/L) und VE-Wasser, die in Addition ebenfalls 100 mL ergaben, vermischt wurden. Nach der Kontaktzeit wurde der Gleichgewichts-pH-Wert gemessen, der Ionenaustauscher zentrifugiert (20 min bei 1300 g) und 1,3 g des Austauschers mit 200 mL NaOH (0,5 mol/L) für mindestens 24 h regeneriert. Die Chloridkonzentration im Regenerat wurde anschließend mittels Ionenchromatographie bestimmt; die Chloridkapazität wurde mit Hilfe einer Massenbilanz ermittelt.

4.4 Untersuchung der Sorptionskinetik

Bei der Untersuchung der Sorptionskinetik wurden sowohl der Stoffübergangskoeffizient in der Flüssigkeit wie auch der Diffusionskoeffizient im Feststoff experimentell bestimmt. Zur Ermittlung dieser Werte wurden zwei unterschiedliche Versuchsanordnungen benutzt, die nachfolgend beschrieben werden.

4.4.1 Transport in der flüssigen Phase

Der Stoffübergangskoeffizient in der Flüssigkeit β_L wurde mit Hilfe eines Kleinfilters ermittelt [WEBER 1980], dessen Aufbau schematisch in Abbildung 4.2 dargestellt ist. Hierbei wird ein kleines in Glasperlen gebettetes Ionenaustauscherbett (Durchmesser 2,5 cm, Höhe 0,6 – 0,8 cm) mit

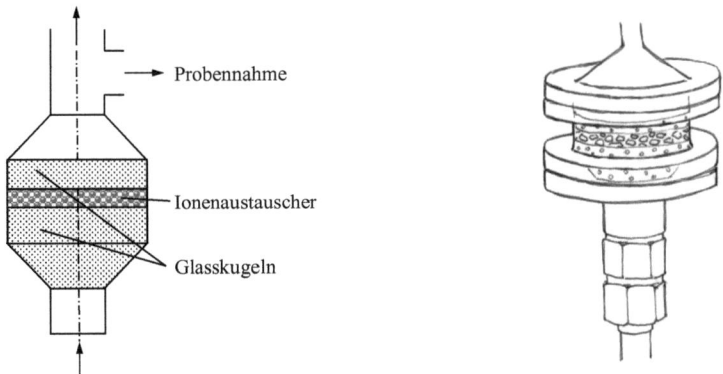

Abbildung 4.2: Schematischer Aufbau eines Kleinfilters

konstanter Geschwindigkeit durchströmt und die Urankonzentration am Austritt des Filterbettes gemessen. Als Ionenaustauscher wurden gesiebte Fraktionen mit mittleren Durchmessern von 0,6 oder 0,8 mm verwendet. Als Lösung wurde mit Uran versetztes Leitungswasser verwendet. Filtergeschwindigkeiten wurden analog zu realen Filtersäulen gewählt und in einem Bereich zwischen 5 und 20 m/h variiert. Die Versuche wurden bei Raumtemperatur durchgeführt.

Die Ablaufwerte dieses Kleinfilters bleiben so lange konstant wie die Konzentration an der Partikeloberfläche c^* sehr klein gegenüber der Konzentration in der Lösung c ist. Die sorbierte Menge hängt dann lediglich von der Geschwindigkeit des äußeren Stoffübergangs ab. In diesem Bereich kann der Stoffübergangskoeffizient mit folgender Gleichung bestimmt werden [FETTIG 1984; SONTHEIMER 1985]:

$$\beta_L = -\frac{\dot{V}}{m \cdot a_s} \ln \frac{c}{c_0} \qquad (4.2)$$

Hierin sind $\dot{V}$ der Volumenstrom, m die Austauschermasse, c_0 ist die Zulaufkonzentration und a_s die spezifische äußere Austauscheroberfläche in g/m², welche über die Kugelgeometrie mit $a_s = 6/(d_P \cdot \rho_P)$ berechnet wird.

4.4.2 Transport in der festen Phase

Der Diffusionskoeffizient in der Austauscherphase kann nur über die Auswertung von Versuchen zur Kinetik, z.B. mit einem Fliehkraftrührer ermittelt werden[KRESSMANN 1949]. Schematisch ist diese Apparatur in Abbildung 4.3 dargestellt. Hierbei wird eine gesiebte Menge einer

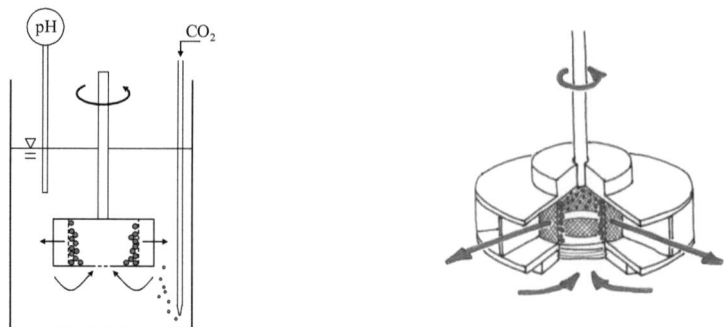

Abbildung 4.3: Schematischer Aufbau eines Fliehkraftrührers

Austauscherfraktion (zwischen 0,2 und 0,4 g) in einen Siebkorb eingefüllt, welcher in einer uranhaltigen Lösung (Matrix: Leitungswasser) mit einer Drehzahl von 150 U/min rotiert ($V_L = 2,5$ L). Durch die dabei auftretende Zentrifugalkraft wird die Lösung aus dem Korb nach außen geschleudert und durch den hierdurch entstehenden Unterdruck neue Lösung von unten axial in den Korb befördert. Die durch die Zentrifugalkraft erzeugte Überströmgeschwindigkeit ist um den Faktor 5 bis 50 größer als in realen Filteranlagen (LADENDORF [1971] verglichen mit den Versuchsbedingungen in dieser Arbeit). Dadurch wird einerseits der Einfluss der Filmdiffusion herabgesetzt und andererseits erfahren die Ionenaustauscherpartikel somit eine sehr gleichmäßige Überströmung der Lösung. Da durch die starke Rührbewegung Kohlendioxid aus dem Wasser ausgast und der pH-Wert dadurch sinkt, wird die Apparatur zusätzlich mit einer CO_2-Eindüsung versehen, um den pH-Wert der Lösung konstant zu halten. Der komplette Aufbau befindet sich in einem temperierten Wasserbad, um die Temperatur in der uranhaltigen Lösung konstant auf 20°C zu halten. Die Urankonzentration in der Lösung wird in Abhängigkeit der Zeit gemessen.

Die zeitliche Abnahme der Uran-Konzentration in der Lösung wurde mit dem Modell der kombinierten Film- und homogenen Oberflächendiffusion (Kapitel 3.2.2.2) ausgewertet. Hierbei wird der feststoffseitige Diffusionskoeffizient D_S so lange variiert, bis die Berechnung eine sehr gute Übereinstimmung mit den experimentell ermittelten Werten ergibt.

Der flüssigseitige Stoffübergangskoeffizient β_L für diese sehr schnellen hydrodynamischen Bedingungen, der ebenfalls in das Modell einfließt, wird aus dem Anfangsverlauf der Urankonzentration des Experiments ermittelt. Zu diesem Zeitpunkt sind die Konzentrationen an der Partikeloberfläche c* sehr gering und die Diffusion durch den Film kontrolliert den Gesamttransport. Durch diese Annahme vereinfacht sich Gleichung 3.12 zu

$$\ln\frac{c}{c_0} = -\beta_L \frac{m \cdot a_s}{V} t \qquad (4.3)$$

Trägt man die experimentellen Daten in Form von ln(c/c₀) als Funktion von t auf, kann der Stoffübergangskoeffizient β_L durch die Steigung, die durch die ersten Messpunkte definiert wird, und mit Hilfe weiterer experimenteller Größen bestimmt werden

4.5 Untersuchung der Filterdynamik

Die Untersuchungen zur Filterdynamik wurden in Laborfiltern von 2 cm Durchmesser und mit einem Volumen von 25 mL bei einem Volumenstrom von 20 Bettvolumen/h (BV/h) durchgeführt. Als Rohwasser wurde mit Uran versetztes Leitungswasser verwendet, das aus einem Vorlagentank mit einem Fassungsvermögen von 55 L zunächst in einen Zwischenbehälter gepumpt wurde und von da aus mit einer Präzisionspumpe durch die Filtersäule (siehe Abbildung 4.4). Die zuviel in den Zwischenbehälter gepumpte Lösung wurde über einen Überlauf in den Vorlagenbehälter zurück geführt. Diese Zirkulation der Lösung führte zu einem Ausgasen von Kohlendioxid aus der Rohlösung und zu einem Anstieg des pH-Wertes. Um dies zu unterbinden, wurde in dem Vorlagentank periodisch wiederkehrend CO_2 eingegast. Neue Rohlösungen nach Erschöpfen des Behälterinhalts wurden in einem gereinigten Vorlagetank angesetzt, um die Bildung von Algen zu unterbinden.

Am Filteraustritt wurde der pH-Wert kontinuierlich gemessen, ferner wurden mittels eines automatischen Probenehmers in vorgegebenen Zeitabständen Proben genommen, um die Urankonzentration im Ablauf zu messen (Anhang 8.3).

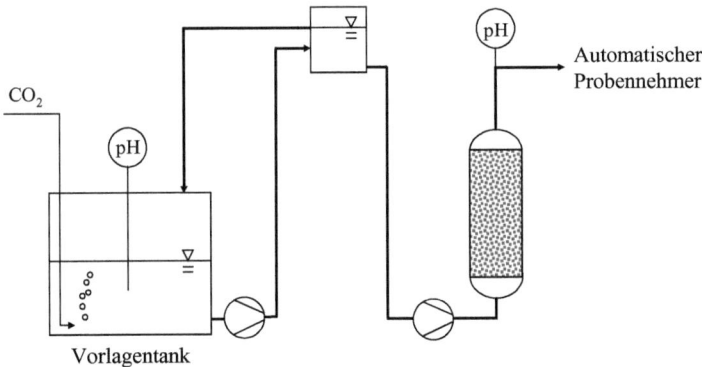

Abbildung 4.4: Schematischer Aufbau der Filteranlage im Labormaßstab

4.6 Untersuchung des Regenerationsverhaltens

Die Regeneration uranbeladener Austauscher wurde mittels zweier unterschiedlicher Methoden untersucht: Zum einen in Batch-Experimenten und zum anderen in Versuchen, bei denen der Austauscher in der Filtersäule regeneriert wurde. Für die Experimente wurden Ionenaustauschharze benutzt, die entweder vorher in einem Filterversuch gemäß Kapitel 0 beladen worden waren oder aus einer Filteranlage stammten, die in einem Wasserwerk betrieben worden war, in der die Elimination von Uran mittels schwach basischer Austauscher in halbtechnischen Versuchen untersucht wurde. Die mittlere Beladung der Austauscher aus den Filterversuchen wurde jeweils durch Integration der experimentell aufgenommenen Durchbruchskurve bestimmt.

4.6.1 Regeneration im Batch-Experiment

Für die Untersuchung der Regeneration in Batch-Versuchen wurde Austauschermaterial benutzt, das aus Filterversuchen im Wasserwerk Wöllstein stammte. Bei der Probenahme wurde der gesamte beladene Ionenaustauscher vermischt, um Beladungsunterschiede in verschiedenen Filterschichten auszugleichen und um eine repräsentative Probe zu erhalten. Diese wurde 20 Minuten bei 1300-facher Erdbeschleunigung zentrifugiert und danach gewogen. Da diese Masse aber auch die aufgenommene Masse an Uran umfasst, wurde diese abgezogen, um die Masse an reinem Austauschermaterial zu erhalten. Weitere Beladungsanteile, etwa Carbonat aus den Uran-Komplexen, Sulfat oder organische Komponenten wurden nicht in die Korrektur mit einbezogen. Der Austauscher wurde dann mit einem definierten Volumen an Regenerationsmittel in einem Erlenmeyerkolben in Kontakt gebracht und für mindestens 16 h geschüttelt. Regenerationsmittel waren H_2SO_4 (0,5 mol/L) und NaOH (1 mol/L). Bei einer einstufigen Regeneration wurden direkt anschließend Proben von der Lösung genommen und der Gehalt der Inhaltsstoffe analysiert. Bei der zweistufigen Regeneration wurde das Regenerationsmittel abgetrennt, nachdem der Austauscher sedimentiert war. Anschließend wurde der Erlenmeyerkolben mit VE-Wasser gefüllt, der Austauscher damit gewaschen und das Wasser nach der Sedimentation des Harzes wieder abgegossen. Danach wurde das zweite Regenerationsmittel in den Kolben gefüllt und erneut für mindestens 16 h geschüttelt, um anschließend die Inhaltsstoffe zu bestimmen.

4.6.2 Regeneration im Filterbetrieb

Die Versuche zur Regeneration in Filtern wurden in den Säulen der in Kapitel 0 beschriebenen Filterversuche und im Anschluss an die Beladungsversuche durchgeführt. Die Regeneration erfolgte hierbei entweder im Gleichstrom oder im Gegenstrom von oben nach unten. Als

Regenerationsmittel wurden NaOH (1 mol/L) und/oder H_2SO_4 (0,5 mol/L) eingesetzt. Im Ablauf wurde der pH-Wert gemessen, ferner wurden in vorgegebenen Zeitabständen Proben von je 10 mL genommen, um die Konzentrationen von Uran, DOC, Anionen, Calcium und Magnesium zu bestimmen (siehe Anhang 8.3).

5 Versuchsergebnisse und Diskussion

5.1 Charakterisierung der Austauscher

Die entsprechend Kapitel 4.2 experimentell bestimmten Austauscherdaten Partikeldichte ρ_P, Schüttdichte ρ_F und Zwischenkornvolumen ε sind in Tabelle 5.1 aufgelistet. Die hier ermittelten Daten fließen in die Berechnungen der kinetischen Transportkoeffizienten und der Vorausberechnung des Filterdurchbruches ein.

Tabelle 5.1: Experimentell ermittelte charakteristische Austauscherdaten

	Amberlite IRA 67	Amberlite IRA 96	Lewatit MP 62	Lewatit S 4528	Duolite A 7	Purolite A 830
Matrix	Acryl-Amid-DVB	Styrol-DVB	Styrol-DVB	Styrol-DVB	Phenol-Formaldehyd	Acryl-Amid-DVB
ρ_P, g/L	1059	1031	1025	1009	1092	1087
ρ_F, g/L	678	650	646	636	666	717
ε	0,36	0,37	0,37	0,37	0,39	0,34

5.2 Sorptionsgleichgewicht

Kommt ein schwach basischer Anionenaustauscher mit einer uranhaltigen Lösung in Kontakt werden nicht ausschließlich die anionischen Urankomplexe aufgenommen (vergleiche Kapitel 2.4). Zusätzlich werden weitere im Grundwasser vorhandene Anionen aufgenommen, vorwiegend Sulfat und in geringem Maße Chlorid.

$$\overline{R-NH_3^+\,OH^-} + (SO_4^{2-}, Cl^-) \rightleftharpoons \overline{R-NH_3^+\,(SO_4^{2-}, Cl^-)} + OH^- \tag{5.1}$$

Es tritt also eine Vielzahl von Gegenionen auf, die von dem Austauscher sorbiert werden können. Welche Urankomplexspezies in jedem Einzelfall sorbiert werden, hängt vom pH-Wert und der Wasserzusammensetzung ab und kann theoretisch nicht vorausberechnet werden.

5.2.1 Sorptionseigenschaften unterschiedlicher Ionenaustauscher

Die Dissoziation bzw. Protonierung der funktionellen Gruppen und damit die nutzbare Kapazität ist bei schwach basischen Austauschern abhängig vom pH-Wert. Deshalb wurde die Sorption von Chlorid-Ionen in Abhängigkeit des pH-Werts (im neutralen pH-Bereich) untersucht. In Abbildung 5.1 ist das Ergebnis dieser Untersuchungen dargestellt. Die Punkte sind hierbei experimentell ermittelte Beladungen mit Chlorid, die Linien stellen Anpassungen an die Messwerte dar. Von den sechs untersuchten Ionenaustauschern zeigen die beiden Acryl-Amid-Polymere Amberlite IRA 67 und Purolite A 830 und das Styrol-DVB-Copolymer Lewatit MP 62 im pH-Bereich zwischen 7 und 8 die höchste Kapazität. Diese drei Austauscherharze wurden daraufhin für weitere Untersuchungen verwendet

Der auf Styrol basierende Austauscher Lewatit MP 62 wurde trotz geringerer Kapazität weitergehend untersucht, weil Austauschertypen dieser Art eine hohe Resistenz gegen ionisierende Strahlung besitzen [OLAJ 1967].

Nachdem die Reproduzierbarkeit der Gleichgewichtsversuche erfolgreich belegt war (siehe Anhang 8.4), wurde die Aufnahme von Uranspezies an diese drei Austauscher untersucht: die ermittelten Sorptionsisothermen sind in Abbildung 5.2 dargestellt. Um reale Bedingungen zu simulieren, wurde wiederum Leitungswasser verwendet, dessen Zusammensetzung in Tabelle 5.2 aufgelistet ist.

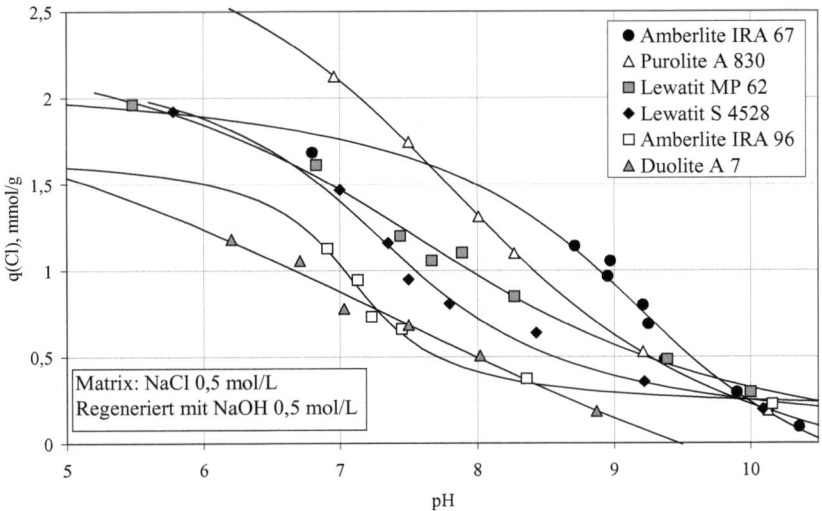

Abbildung 5.1: Beladung mit Chlorid-Ionen als Funktion des pH-Werts

Der pH-Wert im Gleichgewicht betrug 7,3. Der Austauscher Amberlite IRA 67 zeigt mit Abstand die besten Sorptionseigenschaften: sowohl hinsichtlich der maximalen Kapazität als auch bezüglich der Affinität, die durch die Steigung der Isotherme bei sehr kleinen Konzentrationen ausgedrückt wird. Beide Werte sind erheblich höher als bei den Austauschern Purolite A 830 und Lewatit MP 62.

Die ermittelte maximale Beladung mit Uran bei dem Harz Amberlite IRA 67 beträgt 200 µmol/g. Je nach dem, ob ein zweiwertiger ($UO_2(CO_3)_2^{2-}$ oder $CaUO_2(CO_3)_3^{2-}$) oder ein vierwertiger Komplex ($UO_2(CO_3)_3^{4-}$) vorliegt, entspricht dies 0,4 – 0,8 meq/g. Verglichen mit der nutzbaren Chlorid-Kapazität (aus Abbildung 5.1) von 1,7 meq/g bei einem pH-Wert von 7,3, werden 24 – 47% der Sorptionsplätze mit Uranspezies belegt.

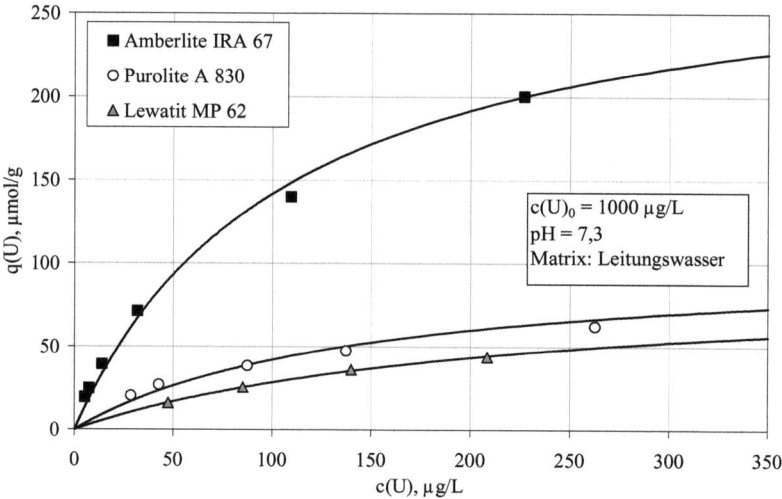

Abbildung 5.2: Isothermen der Sorption von Uranspezies für unterschiedliche Austauscher, Anpassung nach LANGMUIR

Tabelle 5.2: Konzentrationen der Inhaltsstoffe des Leitungswassers am Forschungszentrum Karlsruhe

	Ca^{2+}	Mg^{2+}	Na^+	K^+	SO_4^{2-}	HCO_3^-	Cl^-	NO_3^-	DOC
c, mg/L	95	21	15	3	70	274	28	3	1

5.2.2 Abhängigkeit der Gleichgewichtslage der Sorption von verschiedenen Parametern

5.2.2.1 Einfluss der Wasserzusammensetzung

Die Fähigkeit der schwach basischen Ionenaustauscher Uranspezies zu sorbieren ist abhängig vom Medium, in dem das Uran gelöst ist. Vergleicht man die Sorptionsfähigkeit aus VE-Wasser mit derjenigen aus Leitungswasser (Abbildung 5.3) ist eine starke Verminderung der Beladung bei der komplexeren Wassermatrix zu erkennen.

Bei (nahezu) konstantem pH-Wert kann diese Verschlechterung auf zwei unterschiedlichen Mechanismen basieren: zum einen die Anwesenheit von Anionen, die um die Sorptionsplätze des Austauschers konkurrieren und zum andern das Vorhandensein von Spezies, die die Speziation des Urans verändern und dadurch eine Verschlechterung der Sorption verursachen. Diese beiden Einflussfaktoren wurden im Folgenden genauer untersucht.

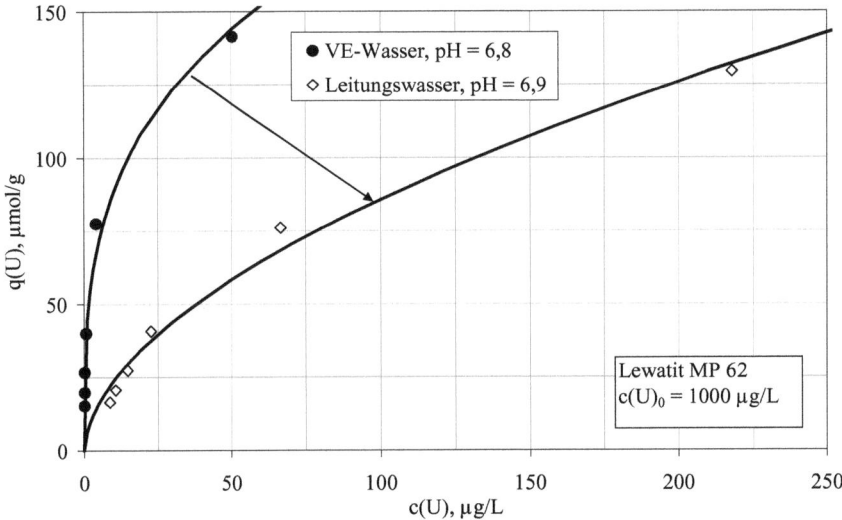

Abbildung 5.3: Isothermen der Sorption von Uranspezies bei unterschiedlichen Wassermatrizes, Anpassung nach FREUNDLICH

5.2.2.2 Einfluss konkurrierender Anionen

Schwach basische Ionenaustauscher können alle Arten von Anionen austauschen. Daher spielen Konkurrenzeffekte eine wichtige Rolle. Im Wasser anwesende Anionen wie Sulfat, Hydrogencarbonat, Chlorid oder Nitrat konkurrieren um die Plätze auf dem Austauscher. Auf Grund seiner zweifachen Ladung besitzt Sulfat hierbei die größte Affinität zu den Austauschern. Die Menge aufgenommener Ionen ist aber nicht nur abhängig von der Affinität sonder auch von der Konzentration der jeweiligen Stoffe. Somit beeinflusst eine steigende Konzentration konkurrierender Anionen das Gleichgewicht der Sorption der Uranspezies an die Austauscher in negativer Weise.

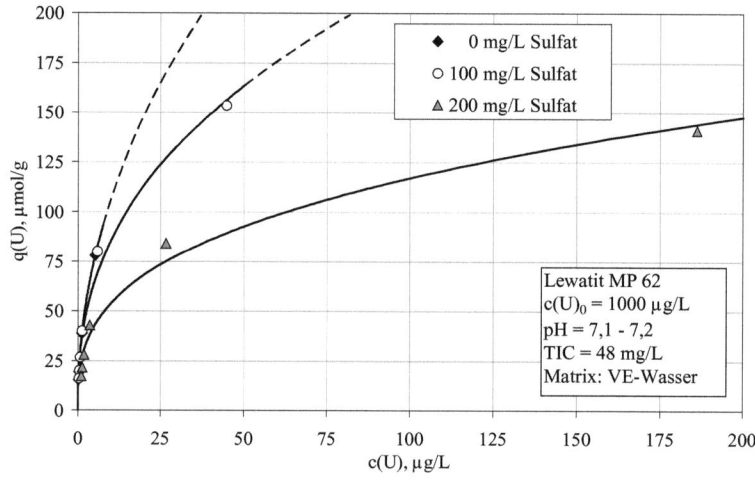

Abbildung 5.4: Isothermen der Sorption von Uranspezies bei unterschiedlichen Sulfatkonzentrationen, die durch die Zugabe von Natriumsulfat erreicht wurde. Anpassung der Isothermen nach Freundlich

Uran kommt im Grundwasser in Spurenkonzentrationen zwischen 10 und 100 µg/L vor. Sulfat liegt dagegen in sehr viel höheren Konzentrationen vor. 10 bis 100 mg/L entsprechen der 1000-fachen Masse bzw. der 2400-fachen Stoffmenge von Uran. Es kann daher erwartet werden, dass die Gegenwart von Sulfat die Uransorption beeinflusst. Dieser negative Einfluss der Sulfat-Anionen wurde auch experimentell bestätigt. In Abbildung 5.4 sind Sorptionsisothermen für unterschiedliche Anfangskonzentrationen an Sulfat in der Lösung bei einem pH-Wert von 7,1 bis 7,2 aufgetragen.

Diese Kurven verdeutlichen, dass sich die Sorption von Uran mit steigender Sulfatkonzentration verschlechtert.

Bei einem pH-Wert von 8,5 hat die Sulfatkonzentration jedoch keinen Einfluss auf die Sorption der Uranspezies. Bei diesem pH-Wert und der verwendeten Wassermatrix liegt Uran hauptsächlich als vierwertiges $UO_2(CO_3)_3^{4-}$ vor (siehe Abbildung 2.1). Als vierwertig negatives Anion hat diese Spezies eine stärkere Affinität zu dem Ionenaustauscher und die Gegenwart von Sulfat spielt praktisch keine Rolle.

5.2.2.3 Einfluss speziationsverändernder Stoffe

Die Berechnungen der Uranspeziation in Abschnitt 2.1 haben gezeigt, dass die Speziation sehr stark von den weiteren Wasserinhaltsstoffen abhängt. Eine Erhöhung der Calciumkonzentration verändert die Speziation von negativ geladenen $UO_2(CO_3)_2^{2-}$-Anionen hin zu neutralen $Ca_2UO_2(CO_3)_3$-Molekülen (Abbildung 2.1 und Abbildung 2.2). Dieser neutrale Uran-Komplex kann nicht sorbiert werden. Eine erhöhte Konzentration an Calcium-Ionen sollte somit die Sorption von Uran verschlechtern. Den gleichen Einfluss hat die Gegenwart von Magnesium-Ionen, da hier eine Verschiebung von vierwertigen $UO_2(CO_3)_3^{4-}$ zu zweiwertigen $MgUO_2(CO_3)_3^{2-}$-Komplexen stattfindet (bei einem pH-Wert > 7,0 – 7,5, Abbildung 2.2). Da stets die höherwertigen Ionen bevorzug werden, werden weniger Uranspezies sorbiert.

Kohlensäurespezies bzw. der anorganische Kohlenstoff (TIC) haben ebenfalls eine speziationsverändernde Wirkung. Wenn weniger Carbonatspezies vorhanden sind, liegt in calcium- und magnesiumfreiem Wasser Uran vermehrt als einwertiges $(UO_2)_2(OH)_3CO_3^-$-Komplex-Anion vor (Abbildung 2.3), welches eine geringere Affinität besitzt als das zweiwertige $UO_2(CO_3)_2^{2-}$. Zudem sinkt im neutralen pH-Bereich die Konzentration des vierwertigen $UO_2(CO_3)_3^{4-}$ mit sinkendem TIC (vergleiche Abbildung 2.2 mit Abbildung 2.3). Die Sorption von Uranspezies wird daher mit steigender Konzentration an Kohlensäurespezies besser.

Diese theoretischen Überlegungen werden durch experimentelle Ergebnisse bestätigt. Abbildung 5.5 zeigt Sorptionsisothermen bei unterschiedlichen Anfangskonzentrationen von Calcium. Bei einem Anstieg der Calciumkonzentration von 0 bis 100 mg/L sinkt die sorbierte Menge an Uran erkennbar.

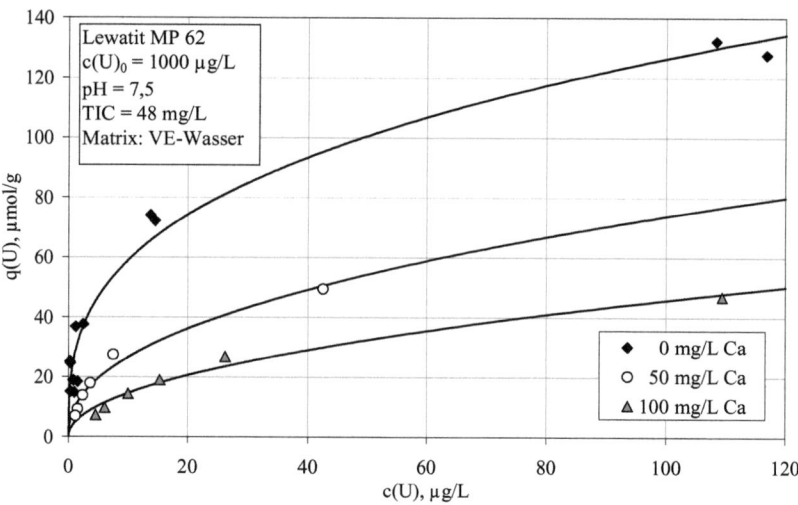

Abbildung 5.5: Sorptionsisothermen von Uranspezies bei unterschiedlichen Calciumkonzentrationen, Anpassung der Isothermen nach Langmuir

Die Calciumkonzentration wurde in diesem Experiment mit Calciumchlorid eingestellt, womit ebenfalls die Konzentration an Chlorid erhöht wird. Als einwertiges Ion besitzt Chlorid eine geringere Affinität zum Austauscherharz als die zwei- oder vierwertigen Urankomplexe. Dadurch kann es nicht für diese starke Verminderung der Uranaufnahme verantwortlich sein (bei der Diskussion der Regeneration der beladenen Austauscher (Abschnitt 5.5.2) wird das geringe Konkurrenzpotential von Chlorid gegenüber Uran experimentell nachgewiesen).

Der Einfluss steigender Magnesiumkonzentration ist in Abbildung 5.6 dargestellt. Bei einem Anstieg der Magnesiumkonzentration von 0 auf 20 mg/L flacht die Sorptionsisotherme erkennbar ab. Bei einem weiteren Anstieg auf 40 mg/L ist dagegen eine Verbesserung zu erkennen, welche theoretisch nicht begründbar ist, die aber möglicherweise durch Messungenauigkeiten hervorgerufen wird.

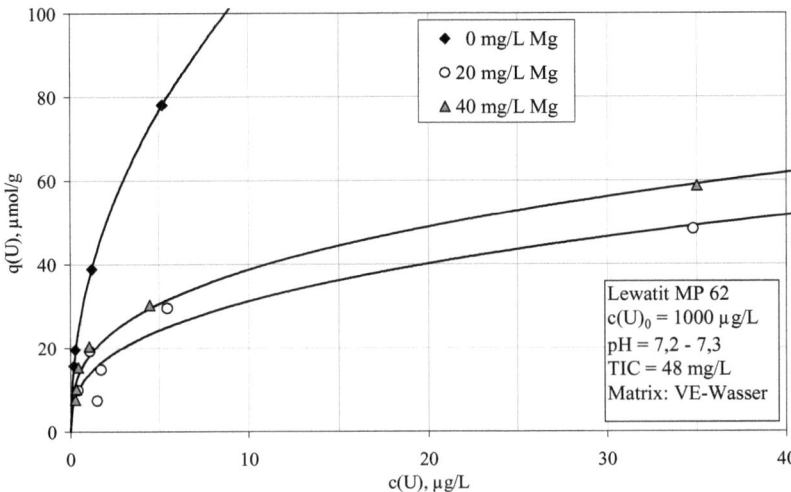

Abbildung 5.6: Sorptionsisothermen von Uranspezies bei unterschiedlichen Magnesiumkonzentrationen. Anpassung der Isothermen nach Freundlich.

Der Einfluss anorganischer Kohlenstoffspezies ist für den Austauscher Lewatit MP 62 in Abbildung 5.7 dargestellt. Bei einem pH-Wert von 7,3 verschlechtert sich die Sorption leicht, wenn sich der TIC von 48 auf 34 mg/L verringert. Ein weiteres Absinken des TIC auf 20 mg/L führt zu einem starken Abfall der Sorption. Dieser erst langsame und dann sehr starke Abfall der Sorption bei Abnahme der Kohlenstoffkonzentration liegt in der Uranspeziation begründet. Bei einer Verringerung des TIC von 48 auf 34 mg/L verändert sich die Uranspeziation kaum, da bei einem pH-Wert von 7,3 $UO_2(CO_3)_2^{2-}$ die dominierende Spezies bleibt (wie in Abbildung 2.2 gezeigt). Erst bei weiterem Absinken auf TIC = 20 mg/L stellt sich die in Abbildung 2.3 berechnete Speziation ein und der Komplex $(UO_2)_2(OH)_3CO_3^-$ spielt mit einem Anteil von ca. 40% eine entscheidende Rolle und verringert die Sorption der Uranspezies signifikant.

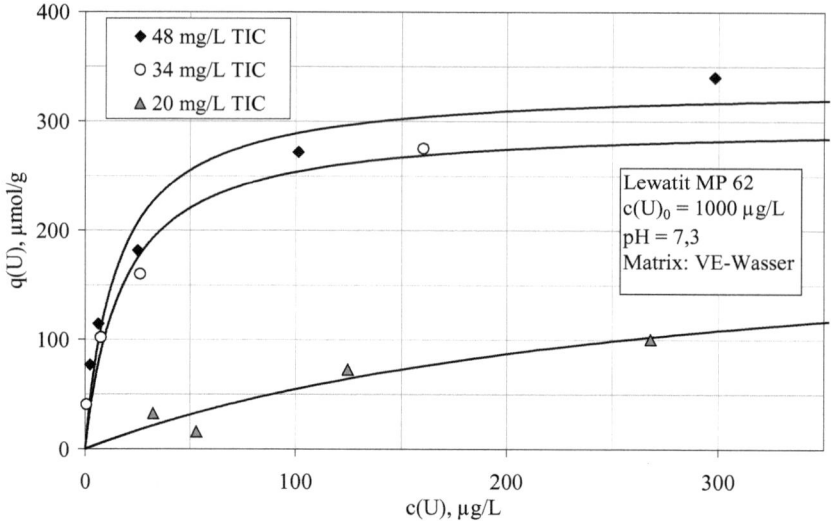

Abbildung 5.7: Sorptionsisothermen von Uranspezies bei unterschiedlichen Carbonatkonzentrationen, Anpassung der Isothermen nach Langmuir

5.2.2.4 Einfluss des pH-Wertes

Schwach basische Ionenaustauscher können Anionen nur an protonierte Stickstoffatome binden. Mit steigendem pH-Wert im neutralen pH-Bereich werden diese zunehmend deprotoniert, was zu einer Minderung der nutzbaren Austauscherkapazität führt. Je nach pK-Wert des Ionenaustauschers ist dies im neutralen Bereich mehr oder weniger stark der Fall.

Diese Minderung der Austauscherkapazität wurde experimentell zunächst am Beispiel der Verwendung von entsalztem Wasser demonstriert. Abbildung 5.8 macht den negativen Einfluss des steigenden pH-Werts auf die Sorption deutlich: Die Sorptionsisothermen werden zunehmend flacher.

Die pH-Abhängigkeit der Sorption tritt auch auf, wenn Leitungswasser verwendet wird. Die ermittelten Sorptionsisothermen für die beiden Austauscher Amberlite IRA 67 und Lewatit MP 62 sind in Abbildung 5.9 dargestellt.

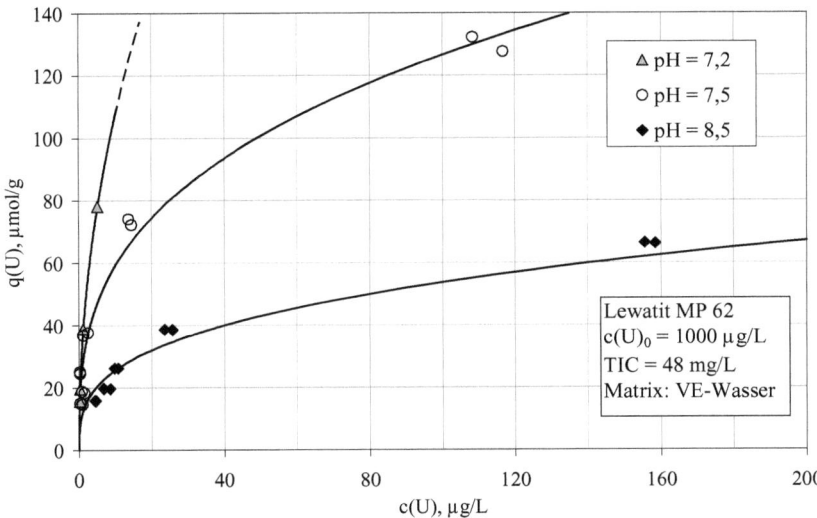

Abbildung 5.8: pH-abhängige Sorptionsisothermen von Uranspezies in vollentsalztem Wasser

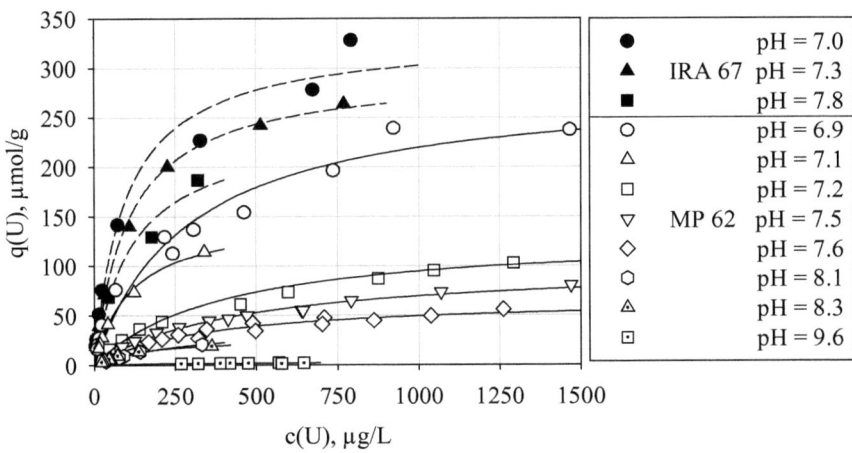

Abbildung 5.9: pH-abhängige Sorptionsisothermen von Uranspezies in Leitungswasser, $c(U)_0$ = 1000 bzw. 2000 µg/L

Bei dieser Wasserzusammensetzung zeigt der Acrylamid-Austauscher Amberlite IRA 67 ebenfalls eine wesentlich bessere Aufnahmefähigkeit als das Styrol-DVB-Copolymer Lewatit MP 62, was den Ergebnissen der Experimente mit vollentsalztem Wasser entspricht (Abbildung 5.2). Wie erwartet, nimmt bei beiden Harzen die Sorptionsfähigkeit mit steigendem pH-Wert ab. Der Austauscher Lewatit MP 62 zeigt jedoch eine sehr viel stärker ausgeprägte pH-Abhängigkeit: Bei einem Gleichgewichts-pH-Wert von 9,6 findet praktisch keine Sorption mehr statt. Die mit Hilfe der Modellvorstellung nach LANGMUIR ermittelten Gleichgewichtsparameter sind für beide Austauscher in Tabelle 5.3 aufgelistet.

Berechnungen der Speziation der Hintergrundzusammensetzung des Leitungswassers am Forschungszentrum Karlsruhe ergaben, dass es ab pH-Werten von 7 zu Ausfällungen von Calciumcarbonat kommen kann. Bei einem pH-Wert von 8 sind lediglich noch 20% des vorhandenen Calciums gelöst. Bei entsprechenden Experimenten können sich diese Ausfällungen auf der Oberfläche der Austauscher absetzen und somit den Zugang zu den Poren behindern bzw. die Kapazität der Harze herabsetzen. Bei den gewonnenen Ergebnissen (Abbildung 5.9 und Tabelle 5.3) spielen vermutlich beide Phänomene eine Rolle, sowohl die Abnahme der Austauscherkapazität durch die Deprotonierung der Aminogruppen als auch die Blockierung der funktionellen Gruppen durch das ausgefällte Material.

Tabelle 5.3: Gleichgewichtsparameter der Uransorption an den Austauschern Amberlite IRA 67 und Lewatit MP 62

Austauscher	pH	q_{max}	K_L	$q_{max} K_L$
-	-	µmol/g	L/mg	mol L/g²
Amberlite IRA 67	7,0	331,9	10,28	3,411
	7,3	296,2	9,18	2,717
	7,8	242,5	8,41	2,039
Lewatit MP 62	6,9	282,7	3,47	0,981
	7,1	151,7	8,52	1,293
	7,2	132,0	2,52	0,333
	7,5	101,1	2,19	0,222
	7,6	66,4	2,88	0,191
	8,1	39,7	3,27	0,130
	8,3	26,6	6,97	0,185
	9,6	2,5	5,05	0,013

Die Gleichgewichtsparameter q_{max} und K_L werden für die Berechnung des Filterverhaltens benötigt (Kapitel 3.3.2). Um für die Berechnung Gleichgewichtsdaten bei allen pH-Werten zur Verfügung zu haben, wurden geeignete Anpassungsfunktionen ermittelt. Um die maximale Beladung q_{max} anzupassen, wurde hierbei folgende Funktion gewählt:

$$q_{max} = \frac{1}{a + b \exp(pH)} \quad (5.2)$$

Die beiden Anpassungsparameter a und b wurden mittels nichtlinearer Regression ermittelt und besitzen folgende Werte.

$a = -6{,}0925 \cdot 10^{-3}$ g/µmol
$b = 9{,}7576 \cdot 10^{-6}$ g/µmol

Das Produkt aus q_{max} und K_L wurde mit der Funktion aus Gleichung 5.3 angepasst.

$$q_{max} K_L = c \left[\exp(d + e \cdot \exp(-pH)) \right] \quad (5.3)$$

Hierbei ergaben sich folgende Werte für die Anpassungsparameter c, d und e.

$c = 1$ mol L/g²
$d = -4{,}6462$
$e = 5{,}8933 \cdot 10^3$

Die LANGMUIR-Konstante K_L erhält man aus dem Quotienten von ($q_{max} K_L$) und q_{max}. Die Entscheidung, das Produkt $q_{max} K_L$ für die Anpassung zu verwenden, und nicht einfach die LANGMUIR-Konstante K_L beruht darauf, dass $q_{max} K_L$ bzw. die Steigung im Ursprung mit steigendem pH-Wert (fast) stetig abnimmt. Der Wert für K_L hingegen vermindert sich nicht stetig sondern oszilliert stark in Abhängigkeit vom pH (siehe Tabelle 5.3).

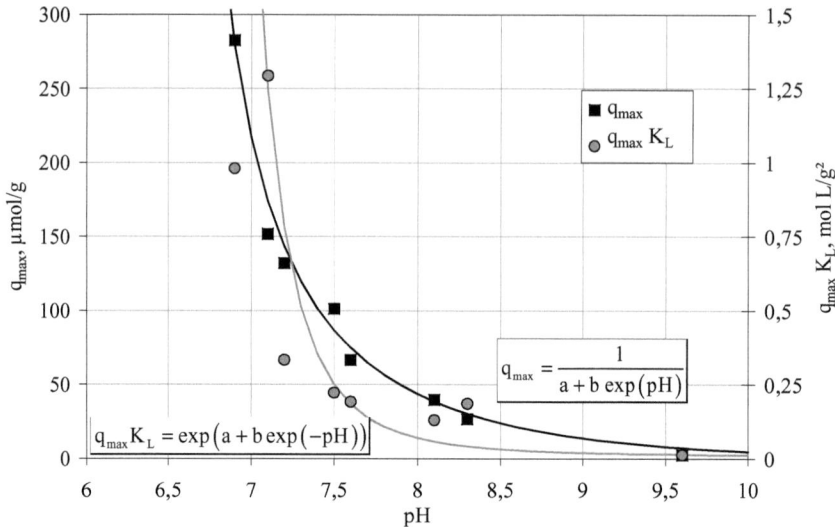

Abbildung 5.10: Anpassung der Gleichgewichtsdaten des Austauschers Lewatit MP 62 bei der pH-abhängigen Sorption von Uranspezies aus Leitungswasser

5.3 Sorptionskinetik

Die Kinetik unterteilt sich in den externen Transport in der Flüssigkeit und in den internen Transport im Partikel. Durch zwei unterschiedliche Versuchsanordnungen wurden für den externen Bereich der Stoffübergangskoeffizient β_L und für den internen Fall der Diffusionskoeffizient D_S ermittelt, welche in die Berechnung des Filterverhaltens eingehen.

5.3.1 Stoffübergangskoeffizient in der flüssigen Phase β_L

Die Stoffübergangskoeffizienten im Film wurden für verschiedene Filtergeschwindigkeiten in einem einzigen Experiment ermittelt. Hierzu wurde der Volumenstrom durch die Austauscherpackung nach je 4 Minuten verringert. Zu Versuchsbeginn war der Durchsatz so hoch, dass die Filtergeschwindigkeit 20 m/h betrug. Diese wurde nun schrittweise auf 10, 5 und 2 m/h reduziert. Das Ergebnis eines solchen Experiments für den Austauscher Amberlite IRA 67 ist in Abbildung 5.11 dargestellt, in dem die normierte Ablaufkonzentration an Uran c/c_0 über der Zeit t aufgetragen ist. Die durchschnittliche normierte Urankonzentration dient hierbei zur Berechnung des Stoffübergangskoeffizienten nach Gleichung 4.2. Die so berechneten Werte sind ebenfalls in Abbildung 5.11 aufgezeigt.

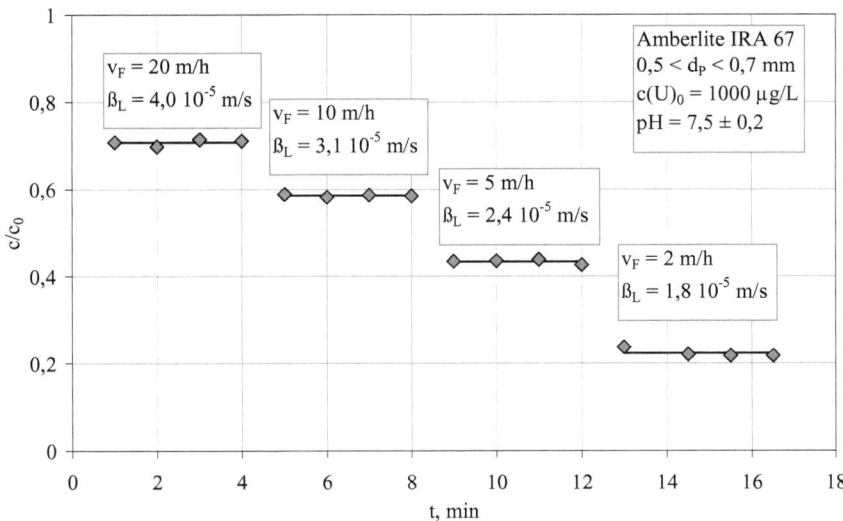

Abbildung 5.11: Ablaufkonzentrationen bei einem Kleinfilterversuch und die daraus ermittelten Stoffübergangskoeffizienten

Der pH-Wert am Filteraustritt lag bei diesem Experiment im Mittel bei 7,5; er variiert jedoch mit der Fließgeschwindigkeit. Bei höheren Geschwindigkeiten an der pH-Sonde zu Beginn des Versuchs betrug der pH-Wert 7,7; nach Verringerung der Geschwindigkeit auf 2 m/h (bezogen auf den freien Filterquerschnitt) sank der pH auf 7,4.

Steigt die Urankonzentration an der Partikeloberfläche c^* während des Experimentes an, so ist die Ablaufkonzentration über dem kleinen Filter nicht mehr konstant, sondern steigt an. Bedingt durch die niedrige Eingangskonzentration von 1000 µg/L bleibt die Konzentration am Kornrand über die gesamte Versuchsdauer von 17 min aber so gering, dass kein Anstieg erkennbar ist.

In Abbildung 5.12 sind die experimentell ermittelten Werte der Stoffübergangskoeffizienten der beiden Austauscher Amberlite IRA 67 und Lewatit MP 62 und die durch verschiedene Korrelationen berechneten Werte in Abhängigkeit der Filtergeschwindigkeit dargestellt. Bei den gesiebten Austauscherfraktionen zwischen 0,5 und 0,7 mm und bei einem mittleren pH- Wert von 7,2 ist kein signifikanter Unterschied zwischen den beiden Ionenaustauschern bemerkbar.

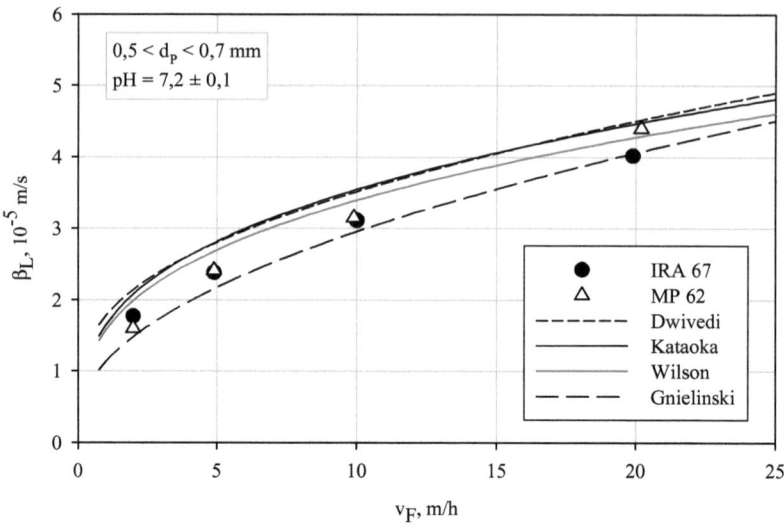

Abbildung 5.12: Experimentell ermittelte und berechnete Stoffübergangskoeffizienten in Abhängigkeit der Filtergeschwindigkeit von zwei unterschiedlichen Austauscher

Dies erscheint sinnvoll, da der Stoffübergangskoeffizient in der flüssigen Phase lediglich von den hydrodynamischen Bedingungen in der Flüssigkeit abhängt, nicht jedoch von den Abläufen im Partikelinneren. Die Werte aus dem Experiment liegen in derselben Größenordnung wie die berechneten Verläufe[1]. Bei diesen experimentellen Bedingungen liefern die Korrelationen nach WILSON und nach GNIELINSKI die besten Übereinstimmungen. Um die Übersichtlichkeit in den folgenden Diagrammen zu erhöhen, werden im weiteren Verlauf ausschließlich Berechnungen nach der Korrelation von Wilson gezeigt.

---

[1] Die Berechnung der Stoffübergangskoeffizienten erfolgt nach den in Kapitel 3.2.2.1 beschriebenen Korrelationen. Der Diffusionskoeffizient in der Flüssigkeit D_L wurde hierbei nach der Gleichung von Worch (Gleichung (3.29)) bestimmt. Weitere Eingangsdaten: Uranspeziation: $UO_2(CO_3)_2^{2-}$, daraus folgt eine molare Masse von 390 g/mol, d_P = 0,6 mm, ε = 0,37, T = 20°C.

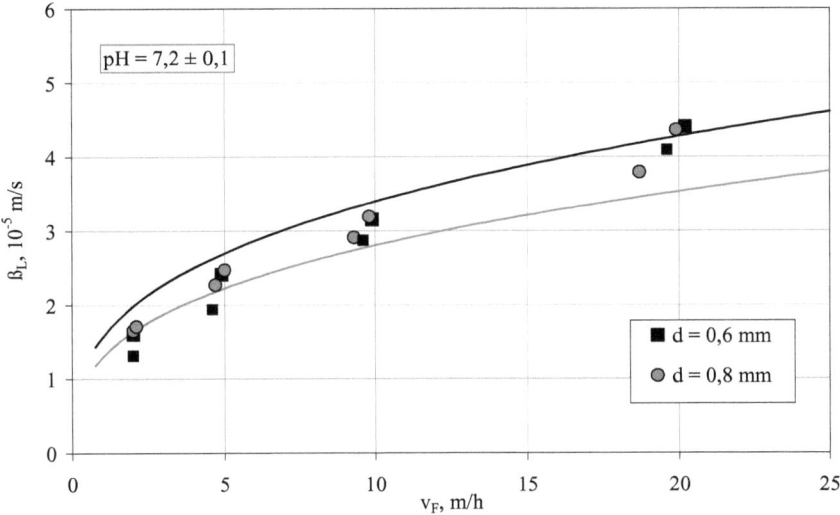

Abbildung 5.13: Einfluss des Partikeldurchmessers auf den Stoffübergangskoeffizienten; Austauscher: Amberlite IRA 67 und Lewatit MP 62, Berechnung nach WILSON

Der Einfluss der Partikelgröße auf den Transport im Film ist in Abbildung 5.13 gezeigt. Bei einer Vergrößerung des mittleren Partikeldurchmessers von 0,6 auf 0,8 mm nimmt der berechnete Stoffübergangskoeffizient erkennbar ab (schwarze und graue Linie). Die experimentell ermittelten Messpunkte folgen dieser Tendenz nicht; für Partikel mit einem mittlern Durchmesser von 0,6 mm (schwarze Quadrate) werden annährend gleiche Stoffübergangskoeffizienten erhalten wie für Partikel mit einem Durchmesser von 0,8 mm (graue Kreise).

Im Gegensatz zu der Partikelgröße hat der pH-Wert der Lösung einen erheblichen Einfluss auf den Transport im der Flüssigkeit. In Abbildung 5.14 sind die Stoffübergangskoeffizienten β_L in Abhängigkeit der Filtergeschwindigkeit für unterschiedliche pH-Werte dargestellt. Steigt der mittlere pH-Wert von 7,2 auf 7,5, ist ebenfalls eine deutliche Steigerung von β_L zu erkennen. Bei einer Filtergeschwindigkeit von beispielsweise 10 m/h erhöht sich der Stoffübergangskoeffizient von ca. $3 \cdot 10^{-5}$ auf $4 \cdot 10^{-5}$ m/s, was einer Steigerung von 33% entspricht. Diese erhöhten Stoffübergangskoeffizienten werden durch die Korrelation von WILSON nicht mehr wiedergegeben, wenn der hier benötigte flüssigseitige Diffusionskoeffizient D_L mit der Korrelation nach WORCH (Gleichung 3.29) berechnet wird. Bestimmt man D_L über die STOKES-EINSTEIN-Gleichung

(Gleichung 3.31) und verwendet einen Durchmesser des $UO_2(CO_3)_2^{2-}$-Komplexes von 0,321 nm[1]; können die experimentell ermittelten Werte besser getroffen werden. Für praktische Zwecke hat man somit eine Bestimmungsmethode für den Stoffübergangskoeffizienten bei höheren pH-Werten.

Die experimentellen Werte in Abbildung 5.14 bei einem pH-Wert von 7,5 wurden mit dem Austauscher Amberlite IRA 67 durchgeführt, die Experimente bei pH = 7,2 hingegen mit dem Harz Lewatit MP 62. Wie oben aber bereits demonstriert wurde, hat die Art des Austauschers keinen Einfluss auf die Diffusion im Film (siehe Abbildung 5.12).

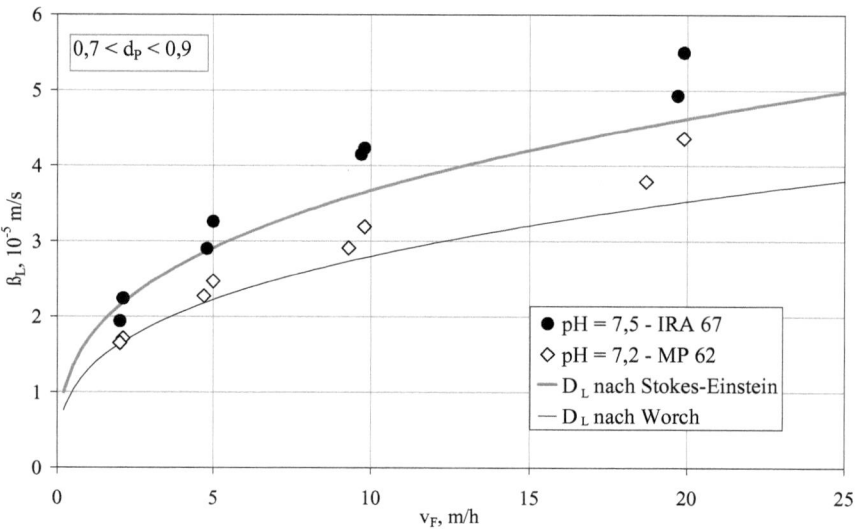

Abbildung 5.14: Experimentell ermittelte Stoffübergangskoeffizienten bei unterschiedlichen pH-Werten und berechnete Werte nach WILSON mit unterschiedlicher Bestimmung des flüssigseitigen Diffusionskoeffizienten D_L

---

[1] Diese Länge entspricht der längsten Ausdehnung des linearen Komplexes, ermittelt mit ChemDraw Ultra 8©

Die pH-Abhängigkeit des Stoffübergangskoeffizienten kann auch theoretisch abgeleitet werden. Um dies zu verdeutlichen, wird zunächst eine carbonathaltige Uran-Lösung betrachtet, die frei von Calcium und Magnesium ist[1]. In dieser Lösung liegt Uran bei einem pH-Wert von 7 hauptsächlich als $UO_2(CO_3)_2^{2-}$ vor, mit steigendem pH-Wert formt es sich mehr und mehr zu $UO_2(CO_3)_3^{4-}$ um (Abbildung 2.1). Der Einfluss dieser Uran-Komplexe von unterschiedlicher Wertigkeit und Masse auf die Diffusionsgeschwindigkeit kann mit Hilfe der NERNST-PLACK-Gleichung (Gleichung 3.10 bzw. 5.4) gezeigt werden.

$$\dot{n}_i = -D_i \frac{dc_i}{dx} - D_i \cdot z_i \frac{c_i F}{RT} \frac{d\varphi_i}{dx} \qquad (5.4)$$

Der Stoffstrom setzt sich hierbei aus zwei Anteilen zusammen: der Diffusion durch Konzentrationsgradienten dc/dx und der elektrischen Überführung durch einen sich aufbauenden Potentialgradienten dφ/dx. In Abbildung 5.15 ist der spezifische Stoffstrom ṅ als Funktion des Potentialgradienten für die beiden Uran-Komplexe aufgetragen. In der doppellogarithmischen Auftragung sind die beiden Anteile gut voneinander zu trennen. Bei kleinen Potentialgradienten findet keine Beschleunigung der Ionen statt und der Stoffstrom wird nur von der Diffusion bestimmt. Bei großen Potentialgradienten wird so sehr beschleunigt, dass der Anteil der Diffusion nicht mehr ins Gewicht fällt und der Stoffstrom einzig vom elektrischen Feld beeinflusst wird. Bis zu einem Potentialgradienten von 0,04 V/mm spielt lediglich die Diffusion eine Rolle und der Stoffstrom des kleineren, zweiwertigen Komplexes ist geringfügig größer. Kleinere Moleküle besitzen eine höhere Mobilität als größere, was auch in der Gleichung von Worch durch die Abhängigkeit des Diffusionskoeffizienten von der molaren Masse gezeigt wird (Gleichung 3.29). Bei höheren Potentialgradienten ist der Stoffstrom des vierwertigen $UO_2(CO_3)_3^{4-}$-Komplexes erkennbar höher. Dies liegt an der höheren Wertigkeit dieses Komplexes z, die den geringeren Diffusionskoeffizienten, der ebenfalls in den zweiten Summand von Gleichung 5.4 einfließt, weitgehend kompensiert. Oberhalb eines Potentialgradienten von 50 V/mm ist der Stoffstrom von $UO_2(CO_3)_3^{4-}$ konstant um 85% größer als der von $UO_2(CO_3)_2^{2-}$. Die sich beim Ionenaustausch aufbauenden Potentialgradienten liegen in der Größenordnung von 1 V/mm [WESSELINGH 1990]. In diesem Bereich ist bereits ein erhöhter Stoffstrom zu erkennen. Eine Erhöhung des pH-Wertes und eine damit verbundene Verschiebung der Uranspeziation weg vom zweiwertigen hin zu vierwertigen Komplex wird somit zu einer schnelleren Diffusion in der Flüssigphase führen und damit zu einem höheren Stoffübergangskoeffizienten β_L.

---

[1] Die Wassermatrix in den Experimenten ist jeweils Leitungswasser, das Calcium und Magnesium enthält

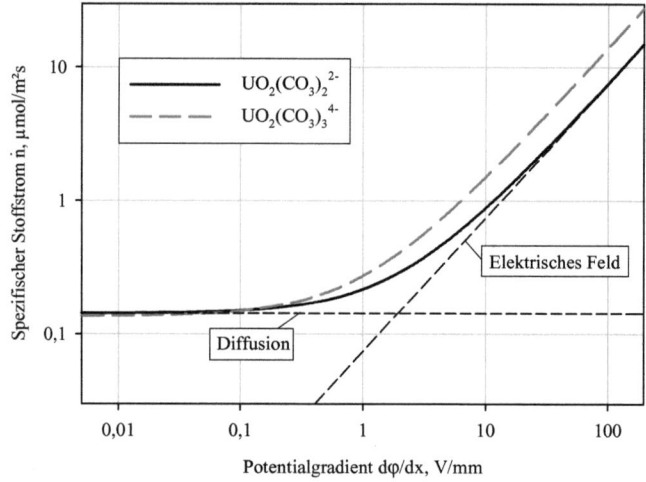

Abbildung 5.15: Stoffströme in der flüssigen Phase, berechnet nach NERNST-PLANCK

Die detaillierte Berechung der Stoffströme, wie sie in Abbildung 5.15 dargestellt sind, ist in Anhang 8.2 zu finden.

Betrachtet man nun eine Lösung, in der Calcium und Magnesium enthalten sind, wird sich ebenfalls eine pH-Abhängigkeit der Diffusion im Film zeigen. Wie in Abbildung 2.2 zu erkennen, nimmt der Anteil des negativ geladenen $CaUO_2(CO_3)_3^{2-}$ Komplexes mit steigendem pH-Wert zwischen pH 7 und 9 stetig zu. In diesem Bereich wird mit zunehmendem pH-Wert ebenfall ein erhöhter Stoffstrom an Uran zu erkennen sein, da sich der anionische Komplex im Gegensatz zum neutralen Komplex an den Austauscher anlagern kann. Wird der Stoffstrom mit dem FICKschen Gesetzt beschrieben (Gleichung 3.11), nach dem er gleich dem Stoffübergangskoeffizienten multipliziert mit der Konzentrationsdifferenz zwischen Lösung und Partikeloberfläche ist, wird sich bei höheren pH-Werten ein größerer Stoffübergangskoeffizient ergeben, da der Stoffstrom ansteigt und die Konzentration des gesamten Urans gleich bleibt.

In beiden Fällen, der calciumfreien und der calciumhaltigen Lösung, wird ein steigender pH-Wert im neutralen pH-Bereich zu einer Erhöhung des Stoffübergangskoeffizienten in der flüssigen Phase β_L führen.

5.3.2 Diffusionskoeffizient in der Austauscherphase D_S

In Abbildung 5.16 sind die gemessenen und berechneten zeitlichen Verläufe der Uran-Konzentration und der pH-Wert während eines Fliehkraftrührer-Experiments mit dem Austauscher Lewatit MP 62 dargestellt. Der gemessene pH-Wert variiert zwischen 7,2 und 7,35; die Anstiege werden durch rührbedingtes Ausgasen von CO_2 hervorgerufen, die Absenkung wurde durch Eingasen von CO_2 in die Lösung erreicht. Die Berechnungen der Uran-Konzentrationen erfolgten nach dem Modell der kombinierten Film- und Oberflächendiffusion (FOD). Eingang fanden hierbei die nach den Gleichungen 5.2 und 5.3 berechneten Gleichgewichtskonstanten bei einem pH-Wert von 7,3 (q_{max} = 120 µg/L, K_L = 4,295 L/mg). Der ebenfalls in die Berechnung eingehende Stoffübergangskoeffizient bei diesen hydrodynamischen Bedingungen wurde durch die Anfangssteigung der Auftragung von c/c_0 über t der Messwerte zu $1,67 \cdot 10^{-4}$ m/s bestimmt. Wie bereits in Kapitel 4.4.2 erwähnt, ist dieser Wert aufgrund von stark unterschiedlichen hydrodynamischen Bedingungen im Fliehkraftrührer deutlich größer als die durch Kleinfilterversuche ermittelten, realen Werte. Der nach dem Modell der reinen Filmdiffusion (Kapitel 3.2.2.1) berechnete Konzentrationsverlauf ist als die unterste, gepunktete Kurve in Abbildung 5.16 dargestellt.

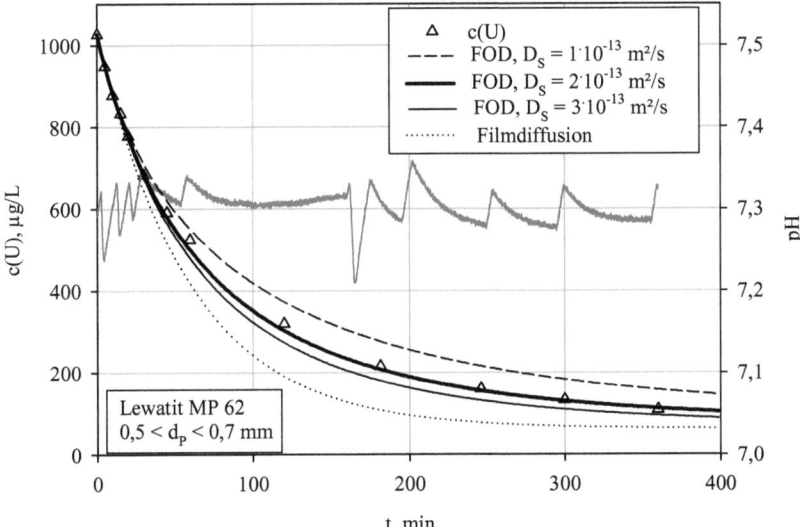

Abbildung 5.16: Konzentrationsverläufe und pH-Wert während eines Fliehkraftrührer-Experiments für den Austauscher Lewatit MP 62, Wassermatrix: Leitungswasser, $\beta_L = 1,67 \cdot 10^{-4}$ m/s, $Bi = 11$

Er sagt eine deutlich schnellere Sorption vorher und liegt deutlich unterhalb der gemessenen Werte. Hierdurch wird der Einfluss der Partikeldiffusion im Experiment ersichtlich. Mit sinkenden Diffusionskoeffizienten wird die Sorption immer langsamer. Eine sehr gute Übereinstimmung zwischen den experimentellen Werten und dem Modell liefert die Berechnung mit einem Diffusionskoeffizient von $D_S = 2 \cdot 10^{-13}$ m²/s. Das Modell der kombinierten Film- und Oberflächendiffusion ist demnach gut geeignet, die Kinetik der Sorption der Uranspezies an schwach basische Austauscher zu beschreiben.

Verwendet man die so gewonnenen kinetischen Parameter D_S und β_L zusammen mit den oben erwähnten Gleichgewichtsdaten, erhält man eine BIOT-Zahl von 11 (Gleichung 3.21). Dieser Wert besagt, dass sowohl die Partikel- als auch die Filmdiffusion den Transport während des Experimentes bestimmen. Der Einfluss der Filmdiffusion verschwindet nicht vollständig, was an der hohen Gleichgewichtsbeladung bezogen auf die Anfangskonzentration von $q_0 = 100$ µmol/g liegt, die den Wert der BIOT-Zahl mindert.

Die experimentell bestimmten und berechneten Konzentrationsverläufe für ein Fliehkraftführer-Experiment für den Austauscher Amberlite IRA 67 sind in Abbildung 5.17 gezeigt, der Zeitausschnitt zwischen t = 100 und 300 min ist gesondert hervorgehoben. Die Berechnung der Konzentrationen erfolgte mit den experimentell ermittelten Gleichgewichtsdaten bei pH = 7,3 (q_{max} = 296 µmol/g und K_L = 9,175 L/mg, vergleiche Tabelle 5.3). Bei Annahme reiner Filmdiffusion wird hier eine gute Übereinstimmung zwischen Experiment und Berechnung erreicht. Wird der Konzentrationsverlauf mit dem Modell der kombinierten Film- und Partikeldiffusion und einem Diffusionskoeffizienten $D_S = 1 \cdot 10^{-12}$ m²/s bestimmt, so erhält man nahezu den identischen Verlauf wie bei der Filmdiffusion. Erst ab einem Wert von $D_S = 5 \cdot 10^{-13}$ m²/s ist eine leichte Abweichung der Konzentrationen zu erkennen, bei einem Wert von $D_S = 1 \cdot 10^{-13}$ m²/s dann eine stärkere. Aus diesen Daten kann lediglich ermittelt werden, dass der Diffusionskoeffizient einen Wert kleiner oder gleich $1 \cdot 10^{-12}$ m²/s haben muss, um eine Übereinstimmung zwischen Experiment und Berechnung zu erhalten. Dieser niedrigste Wert wird als der ermittelte genommen, um nicht eine zu schnelle Diffusion anzunehmen.

Bei diesem Experiment beträgt die BIOT-Zahl 0,7. Grund hierfür sind der niedrigere Diffusionskoeffizient und hauptsächlich die hohe Gleichgewichtsbeladung von $q_0 = 265$ µmol/g. Die Filmdiffusion ist hier also der geschwindigkeitsbestimmende Schritt. Dies erschwert die Bestimmung des Diffusionskoeffizienten im Partikel und führt zu den erhaltenen, nicht eindeutigen Versuchsergebnissen.

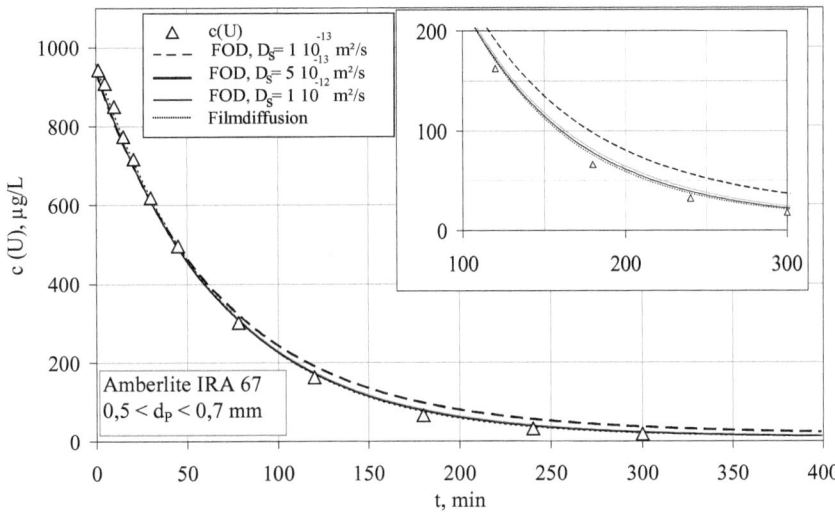

Abbildung 5.17: Konzentrationsverläufe während eines Fliehkraftrührer-Experiments für den Austauscher Amberlite IRA 67, Matrix: Leitungswasser, $pH_{mittel} = 7,3$, $ß_L = 1,62 \cdot 10^{-4}$ m/s, $Bi = 0,7$

Um dem entgegenzuwirken, hätte der Transport im Film durch eine erhöhte Drehzahl des Fliehkraftrührers beschleunigt werden müssen. Doch selbst eine Steigerung der Drehfrequenz von 150 auf 250 U/min erbrachte lediglich eine geringe Steigerung der BIOT-Zahl auf 1,4 (Abbildung 8.3); größere Drehzahlen des Fliehkraftrührers sind mit der verwendeten Apparatur jedoch nicht realisierbar.

Alle ermittelten Werte für den Diffusionskoeffizienten im Austauscher sind für die beiden untersuchten Austauscher und für die unterschiedlich ausgesiebten Größenfraktionen in Tabelle 5.4 aufgelistet. Das Austauscherharz Amberlite IRA 67 zeigt einen schnelleren internen Transport; der Diffusionskoeffizient liegt um eine Größenordnung über dem des Austauschers Lewatit MP 62. Dieser Unterschied liegt an dem geringen Anteil quarternärer, stark basischer Ammoniumgruppen des Austauschers Amberlite IRA 67. Diese beschleunigen den Austausch deutlich.

Bei den unterschiedlichen Fraktionen mit Partikeldurchmesser von 0,5 bis 0,7 mm und von 0,7 bis 0,9 mm wurden nahezu identische Diffusionskoeffizienten ermittelt. Dies untermauert die Werte der Diffusionskoeffizienten, da die Größe der Partikel in diesem Größenbereich keinen Einfluss auf die intrapartikuläre Diffusion hat.

Tabelle 5.4: Ermittelte Diffusionskoeffizienten im Partikel

Fraktion	D_S, m²/s	
	$0{,}5 < d_P < 0{,}7$ mm	$0{,}7 < d < d_P < 0{,}9$ mm
Amberlite IRA 67	$1\cdot 10^{-12}$	$1\cdot 10^{-12}$
Lewatit MP 62	$2\cdot 10^{-13}$	$1\cdot 10^{-13}$

Die hier nicht gezeigten Versuchsergebnisse sind in Anhang 8.5 zu finden.

5.4 Filterdynamik

5.4.1 Experimentelle Ergebnisse

Abbildung 5.18 zeigt das Durchbruchsverhalten des Austauschers Amberlite IRA 67. Aufgetragen sind die experimentell ermittelten Urankonzentrationen am Filterausgang und die berechneten Konzentrationen nach den Modellen des stöchiometrischen Durchbruchs und der kombinierten Film- und Oberflächendiffusion in Abhängigkeit der durchgesetzten Flüssigkeitsmenge (siehe Anhang 8.6). Zusätzlich ist der Verlauf des pH-Werts der behandelten Lösung abgebildet. Die experimentell bestimmten Konzentrationswerte verdeutlichen, dass bis zu einem Durchsatz von 30.000 BV nahezu kein Uran im Filterausfluss zu finden ist. Danach steigen die Urankonzentrationen an. Nach 42.000 BV erreicht die Urankonzentration einen Wert von 600 µg/L und liegt somit leicht oberhalb der halben Zulaufkonzentration. Dieser Durchsatz entspricht gerade dem stöchiometrischen Durchbruch, der mit Gleichgewichtskonstanten bei einem pH-Wert von 7,3 ermittelt wurde. Die in Batch-Versuchen ermittelten Daten für das Gleichgewicht der Sorption von Uranspezies an diesen schwach basischen Austauscher ermöglichen somit eine sehr gute Beschreibung der Sorptionsvorgänge in einer Filterschüttung. Auch die Modellierung der kombinierten Film- und Oberflächendiffusion liefert Konzentrationswerte, die sehr exakt mit dem Beginn des Durchbruchs bis zu einem Durchsatz von 40.000 BV übereinstimmen. Nach einem Durchsatz von ca. 43.000 BV steigt der pH-Wert für kurze Zeit auf einen Wert von 7,7 an. Hierdurch sinkt der Protonierungsgrad der funktionellen Aminogruppen des Austauschers und bereits sorbierte Uranmoleküle werden von dem Harz in die Lösung abgegeben. Der Filterablauf enthält eine Urankonzentration von 1300 µg/L, was deutlich oberhalb der Eingangskonzentration liegt. Nachdem der pH-Wert im weiteren Versuchsverlauf wieder gesunken ist, sind wieder mehr funktionelle Gruppen protoniert und die Kapazität des Austauschers steigt. Dadurch kann in die

Schüttung eintretendes Uran von dem Harz aufgenommen werden und die Konzentration am Ausgang des Filters sinkt. Nach ca. 63.000 BV steigt der pH über 8 und aus demselben Grund der pH-abhängigen Protonierung steigt die Urankonzentration über 4000 µg/L an (oberhalb des dargestellten Ordinatenbereichs). Dieser zweite Teil des Durchbruchs, der durch versuchsbedingte pH-Schwankungen stark oszilliert, kann mit dem Modell der kombinierten Film- und Oberflächendiffusion nicht vorhergesagt werden. Reales Grundwasser besitzt jedoch einen sehr konstanten pH-Wert, wodurch ein solches Durchbruchsverhalten dort nicht beobachtet werden kann. Bei der Auslegung der Laufzeiten von einzelnen Filtern reicht es zudem aus, den Durchbruch bis zum Überschreiten des Grenzwertes richtig vorherzusagen.

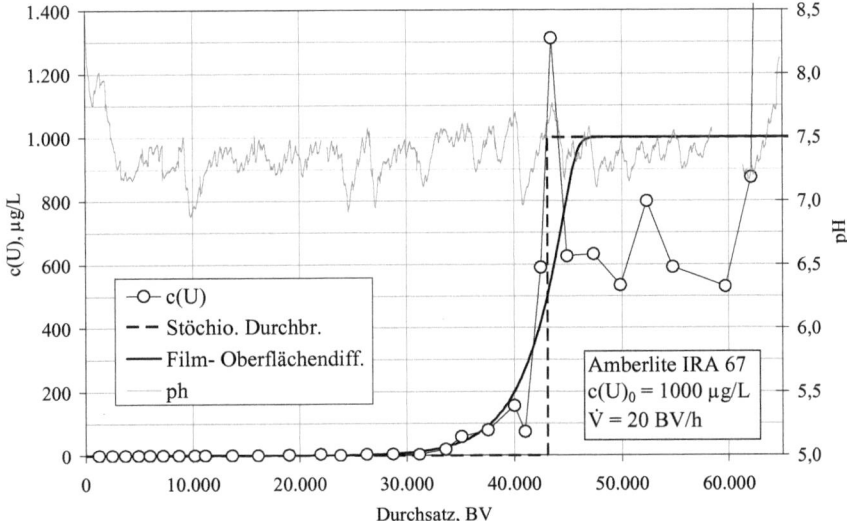

Abbildung 5.18: Experimentell ermittelte und berechnete Durchbruchskurve, Modelleingang: GG-Daten bei pH = 7,3 (q_{max} = 296 µmol/g, K_L = 9,175 L/mg), D_S = $1 \cdot 10^{-12}$ m²/s, β_L = $1,6 \cdot 10^{-5}$ m/s, d_P = 0,625 mm

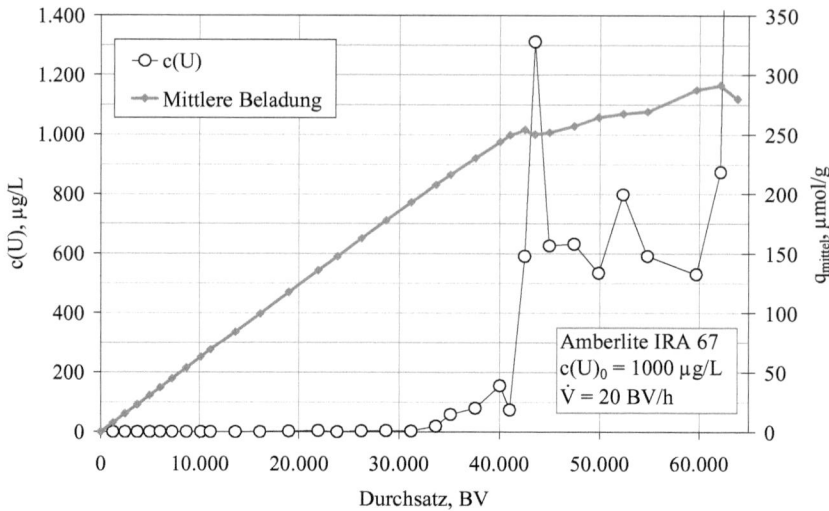

Abbildung 5.19: Beladungsverlauf während eines Filterexperimentes

Für das Experiment aus Abbildung 5.18 ist in Abbildung 5.19 zusätzlich die mittlere Beladung[1] des Austauschers dargestellt. Bis zum deutlichen Anstieg der Ablaufkonzentration bei 42.000 BV erreicht die mittlere Beladung einen Wert von 250 µmol/g; wird die gesamte Versuchsdauer betrachtet, steigt die Beladung auf 290 µmol/g. Dies deckt sich wiederum sehr gut mit dem Ergebnis der Gleichgewichtsuntersuchung dieses Austauschers, die eine Beladung von 267 µmol/g ergab, die bei einer Konzentration von 1000 µg/L erreicht werden sollte (Extrapolation von Abbildung 5.9).

Bei vergleichbaren Randbedingungen erreichte PHILLIPS [2008] mit dem stark basischen Austauscher Dowex 21K eine Beladung von 50 mg/g bzw. 210 µmol/g. Der schwach basische Austauscher Amberlite IRA 67 zeigt hier eine höhere Kapazität bezüglich Uran.

---

[1] Die mittlere Beladung wurde durch Integration der Differenz aus Eingangs- und Ausgangsmenge an Uran berechnet.

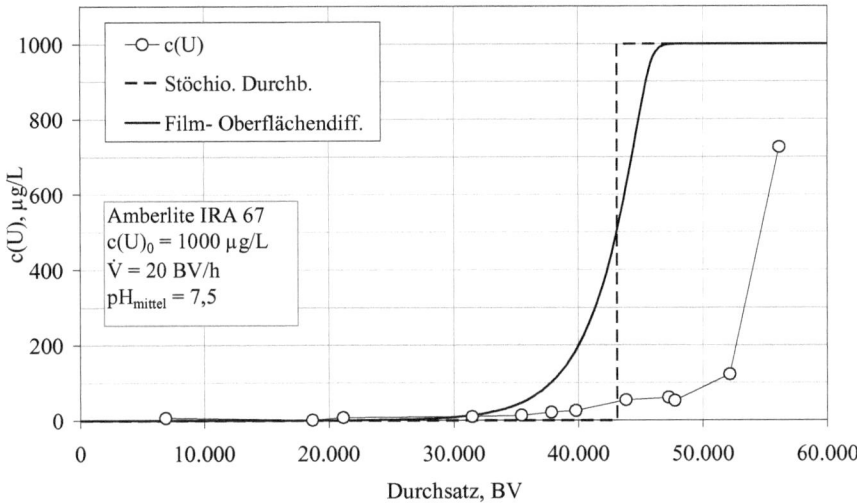

Abbildung 5.20: Durchbruchskurve eines Filterexperimentes, bei dem Algenbildung auftrat, Modellierung wie in Abbildung 5.18

In Abbildung 5.20 sind Ergebnisse eines weiteren Filterexperiments dargestellt, das unter den gleichen Bedingungen durchgeführt wurde wie das in Abbildung 5.18 gezeigte. Dieser Versuch wurde jedoch zu einer anderen Jahreszeit durchgeführt, in der sich der Sonnenstand derart verhielt, dass die Austauscherschüttung einige Stunden pro Tag direkt von der Sonne bestrahlt wurde. Hierdurch bildeten sich am Filterein- und Ausgang grüne Algen. Bei diesem Experiment kann eine weitaus längere Laufzeit beobachtet werden. Die Urankonzentration übersteigt 200 µg/L das erste Mal zwischen 52.000 und 56.000 BV. Im Referenzexperiment ohne Algenbildung ist dies bereits nach 42.000 BV zu sehen. Die berechneten Urankonzentrationen in Abbildung 5.20 zeigen dementsprechend ein früheres Ansteigen. Dieser signifikante Unterschied kann mit der Affinität und Aufnahmefähigkeit diverser Algen gegenüber Uran erklärt werden, die seit einiger Zeit in der Literatur beschrieben wird [YANG 1999; PARSONS 2006; NANCHARAIAH 2006; HAFERBURG 2007].

Das Durchbruchsverhalten des Austauschers Lewatit MP 62 ist in Abbildung 5.21 dargestellt. Wiederum sind der pH-Wert (graue Linie), die experimentell ermittelten (weiße Punkte) und berechneten Urankonzentrationen (schwarze Linien) über dem Durchsatz aufgetragen. Bis zu 7.500 BV wird das Uran fast vollständig aus der Lösung entfernt. Danach ist ein leichter und kontinuierlicher Anstieg zu erkennen, der durch einzelne, extrem hohe Urankonzentrationen unterbrochen wird.

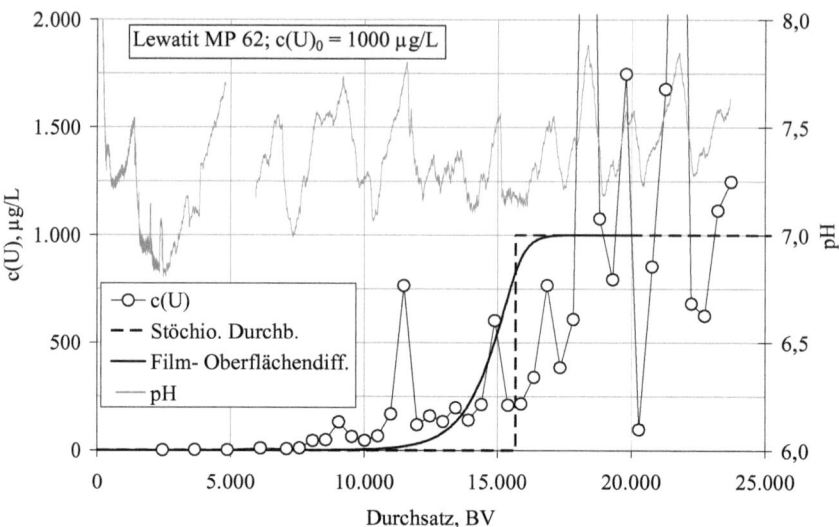

Abbildung 5.21: Experimentell ermittelte und berechnete Durchbruchskurve (Lewatit MP 62), Modelleingang: GG-Daten bei pH = 7,3 (q_{max} = 120 µmol/g, K_L = 4,30 L/mg), D_S = $2 \cdot 10^{-13}$ m²/s, β_L = $1,6 \cdot 10^{-5}$ m/s, d_P = 0,47 mm

Diese Konzentrationsspitzen korrelieren mit dem gemessenen pH-Wert. Bereits nach 9.000 BV wird bei pH = 7,7 eine Konzentration von 130 µg/L erreicht, nach 11.500 BV steigt sie sogar auf 750 µg/L. Weitere Anstiege des pH-Werts und damit verbundene Konzentrationsanstiege finden nach 15.000, 17.000, 18.000 und 21.000 BV statt. Die letzen beiden Anstiege erreichen bei pH-Werte über 7,8 sogar Konzentrationen über 4000 µg/L. Neben den hohen pH-Werten ist der Filter zu diesen Zeitpunkten schon stark beladen und es kann dadurch mehr Uran abgegeben werden, wenn es von den funktionellen Gruppen nicht mehr fixiert wird.

Im Vergleich zu dem Austauscher Amberlite IRA 67 zeigt dieses Harz eine sehr viel geringere Kapazität gegenüber Uran. Eine Urankonzentration im Ablauf von 40 g/L wird hier schon nach 8000 BV erreicht. Bei dem Acrylamid-Harz IRA 67 wird viermal so viel Lösung (35.000 BV) aufbereitet, bis diese Konzentration erreicht wird.

Die Modellierung spiegelt die Versuchsdaten hier nur sehr beschränkt wider. Im Filterablauf ist Uran früher nachzuweisen, als es das Modell der kombinierten Film- und Oberflächendiffusion vorhersagt. Dies kann entweder durch Kanalbildung in der Schüttung bzw. durch eine erhöhte

Randgängigkeit oder durch einen stark verminderten Stoffübergangskoeffizienten erklärt werden. Der letztgenannte Grund ist hierbei sehr unwahrscheinlich, da β_L um ca. die Hälfte sinken müsste (siehe Abbildung 5.23 weiter unten) und dies bei dieser geringen Filtergeschwindigkeit experimentell ausgeschlossen werden konnte (vergleiche Abbildung 5.15).

Berechnet man auch hier aus den Konzentrationen am Filteraustritt die mittlere Beladung des Austauschers, so erreicht diese nach 18.000 BV ihren maximalen Wert von 100 µmol(U)/g. Die verwendeten Gleichgewichtsdaten liefern einen leicht niedrigeren Wert von 97 µmol/g und bestätigen somit die Gleichgewichtsdaten.

5.4.2 Einflüsse auf das Filterverhalten

Das Modell der kombinierten Film- und Oberflächendiffusion wurde im Weiteren dazu benutzt, um die Einflüsse einzelner Parameter auf den Durchbruch zu ermitteln. Hierbei wurden der Diffusionskoeffizient im Austauscher D_S, der Stoffübergangskoeffizient im Film β_L und der Durchmesser der Ionenaustauscherpartikel d_P variiert. Als Grundlage dienen die experimentell ermittelten Größen des Austauschers Amberlite IRA 67, der die besten Sorptionseigenschaften aller untersuchten Harze aufweist.

In Abbildung 5.22 sind berechnete Durchbruchskurven mit variierenden Werten von D_S dargestellt. Sowohl bei einer Verdopplung als auch bei einer Halbierung des Ausgangswertes von $1 \cdot 10^{-12}$ m²/s verändern sich die berechneten Urankonzentrationen am Ausgang des Filters nicht. Das DIFFUSIONSMODUL *Ed* erhöht sich zwar mit steigendem Diffusionskoeffizienten, jedoch hat die Diffusion im Korn keinen Einfluss auf den Gesamttransport, da die Filmdiffusion der geschwindigkeitsbestimmende Schritt ist (Bi << 1). Der Diffusionskoeffizient hat somit keinen Einfluss auf die Form der Durchbruchskurve.

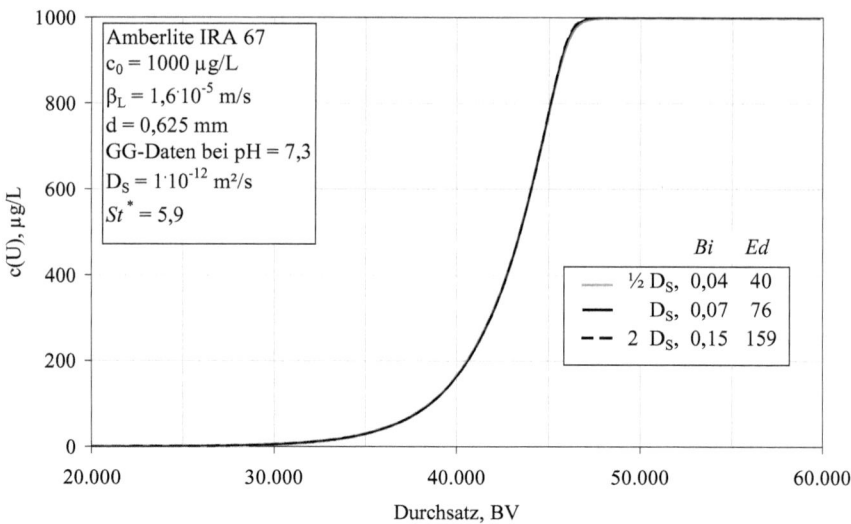

Abbildung 5.22: Einfluss des Diffusionskoeffizienten D_S auf die Durchbruchskurve

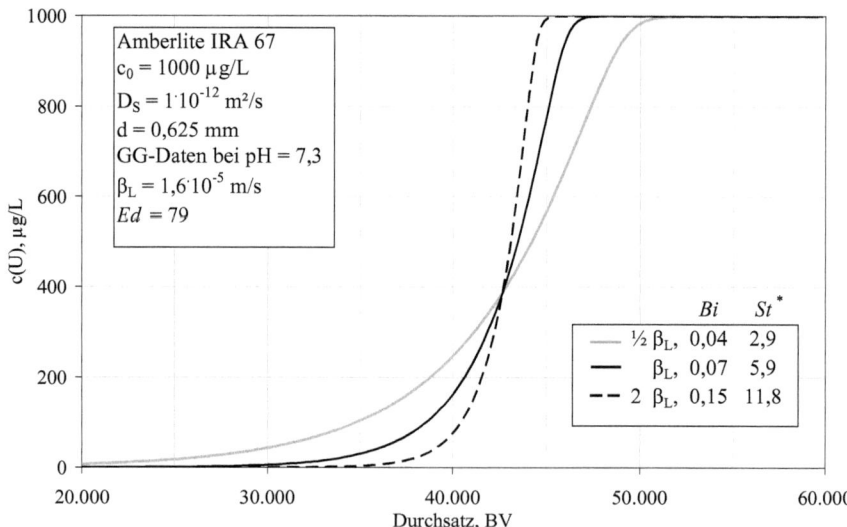

Abbildung 5.23: Einfluss des Stoffübergangskoeffizienten im Film β_L auf das Durchbruchsverhalten

Der Einfluss des Stoffübergangskoeffizienten in der Flüssigkeit β_L ist in Abbildung 5.23 dargestellt. Verdoppelt sich β_L von $1,6 \cdot 10^{-5}$ auf $3,2 \cdot 10^{-5}$ m/s, beginnt der Durchbruch später und die Durchbruchskurve verläuft im weiteren Verlauf steiler. Die Überschreitung eines Grenzwertes von beispielsweise 10 µg/L erfolgt um 5.000 BV später (37.000 statt 32.000 BV), was zu längeren Filterlaufzeiten führt. Eine Verringerung des Stoffübergangskoeffizienten auf $8 \cdot 10^{-6}$ m/s verschlechtert die Effizenz des Filters drastisch. Der Anstieg der Urankonzentration beginnt viel früher, die Konzentration von 10 µg/L wird bereits nach 22.000 BV überschritten, was einer verkürzten Laufzeit von 10.000 BV entspricht.

Dieser Sachverhalt wird auch durch die Betrachtung der dimensionslosen Kennzahlen deutlich. Bei BIOT-Zahlen kleiner 1 (Filmdiffusion) richtet eine ansteigende modifizierte STANTON-Zahl den Verlauf der Durchbruchskurve auf und der Anstieg beginnt verzögert.

Als Konsequenz für technische Anlagen empfiehlt es sich daher, bei der Auslegung der Filteranlagen kleinere Filterquerschnittsflächen zu konstruieren, um eine hohe Filtergeschwindigkeit und somit einen höheren Stoffübergangskoeffizienten und eine höhere Laufzeit zu erhalten.

In Abbildung 5.24 sind berechnete Filterdurchbruchskurven in Abhängigkeit verschiedener Partikeldurchmesser dargestellt. Wird die Modellierung mit einem verdoppelten Durchmesser von $d_P = 1,25$ mm durchgeführt (gestrichelte, schwarze Linie), sinkt die spezifische Oberfläche, die Diffusion verläuft langsamer und der Filter bricht früher durch. Bei kleineren Partikeln mit $d_P = 0,31$ mm hingegen (graue Line) tritt der entgegengesetzte Fall auf und der Durchbruch beginnt später.

Bei einer Veränderung des Partikeldurchmessers ändert sich auch der Stoffübergangskoeffizient im Film. Wie in Kapitel 4.4.1 gezeigt, berechnet sich β_L in Abhängigkeit des Partikeldurchmessers. In Abbildung 5.24 sind zusätzlich zwei Kurven aufgetragen, bei denen β_L nach der Korrelation von WILSON (Gleichung 3.25) neu berechnet wurde. Bei kleinen Partikeln steigt der Stoffübergangskoeffizient an und die Sorption wird beschleunigt. Dadurch findet der Durchbruch noch später statt (gepunktete, graue Linie). Bei großen Partikeln verschlechtert der verminderte Stoffübergangskoeffizient auch das gesamte Filterverhalten und erhöhte Urankonzentrationen sind viel früher im Ablauf zu finden.

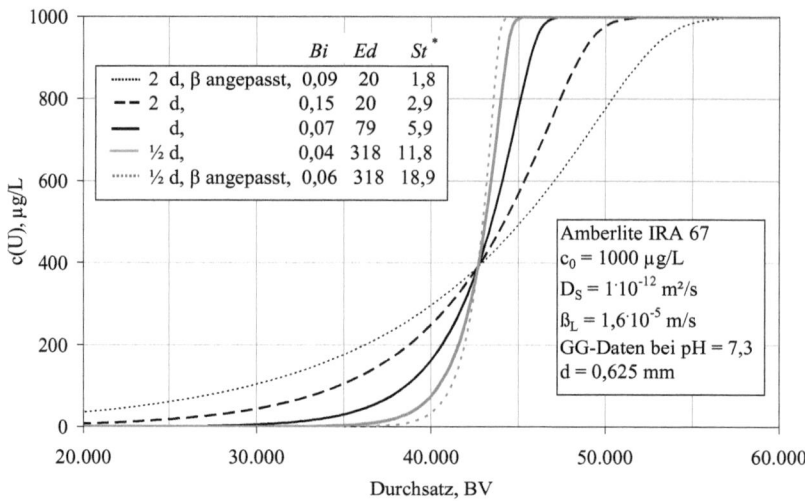

Abbildung 5.24: Einfluss des Partikeldurchmessers auf den Filterdurchbruch

Der Partikeldurchmesser wirkt sich direkt auf alle drei Kenngrößen aus. Größere Partikel führen zu erhöhten BIOT-Zahlen und umgekehrt (angepasste Stoffübergangskoeffizienten wirken dem aber entgegen). Da die BIOT-Zahlen aber ständig Werte viel kleiner als eins einnehmen, bleibt die Filmdiffusion geschwindigkeitsbestimmend. Hierdurch hat auch das sich sehr stark verändernde DIFFUSIONSMODUL keinen Einfluss auf die Durchbruchskurve. Ausschlaggebend für ihre Form ist in diesem Fall die modifizierte STANTON-Zahl: Sie verkleinert sich mit steigendem Partikeldurchmesser und wird durch den angepassten Stoffübergangskoeffizienten noch weiter verringert. Diese Verringerung führt zu einem abnehmenden Anteil an durch den Film transportiertes Uran bezogen auf die Menge, die durch Konvektion durch den Filter befördert wird. Dadurch steigen die Ablaufkonzentrationen früher an und nähern sich langsamer der Eingangskonzentration. Im entgegen gesetzten Fall der kleineren Partikel ist ein analoges Verhalten zu beobachten.

Der erhebliche Einfluss der Partikelgröße kann in der Praxis aber nur begrenzt ausgenutzt werden. Zum einen wird der Durchmesser durch das Herstellungsverfahren bestimmt. Zum anderen kann der Durchmesser der Partikel nicht beliebig verkleinert werden, da der Druckverlust über der Schüttung anwächst und dies ab einer bestimmten Größe nicht mehr rentabel ist.

5.4.3 Folgerungen für technische Anlagen

Die Ergebnisse der Filterversuche im Labormaßstab können nicht direkt auf reale Anlagen übertragen werden. Durch die unterschiedliche Größe und Geometrie der Filtersäulen und durch die ungleichen Urankonzentrationen können beim „Scale-Up" auf technische Anlagen unterschiedliche Mechanismen zur Wirkung kommen. Um dies zu überprüfen, wurden für beide Fälle, die Laboranlage mit hoher Urankonzentration und eine technische Anlage mit geringer Urankonzentration, die dimensionslosen Kennzahlen DIFFUSIONSMODUL, mod. STANTON-Zahl und BIOT-Zahl berechnet. Treten hierbei unterschiedliche Werte auf, deutet dies auf unterschiedliche kinetische Bedingungen in den Filtern hin.

Für die Berechnungen wurde von einer technischen Anlage ausgegangen, die mit einem Filterradius von 28,2 cm eine Querschnittsfläche von ¼ m² erreicht[1]. Die Ergebnisse sind in Tabelle 5.5 aufgelistet. Bei einer realen Filteranlage, die mit dem gleichen spezifischen Durchsatz betrieben wird wie die Laboranlage (typischer Wert: 20 BV/h), wird auf Grund der unterschiedlichen Geometrie eine erhöhte Filtergeschwindigkeit v_F auftreten. In dem berechneten Fall ist sie zwölfmal so hoch (20 m/h verglichen mit 1,7 m/h), wodurch auch der Stoffübergangskoeffizient β_L und die BIOT-Zahl steigen. Durch die reine Vergrößerung des Filters wird dadurch das Filterverhalten verbessert: Der Durchbruch findet später statt und verläuft dann steiler (vergleiche Abbildung 5.23). Bei gleichzeitiger Reduzierung der Urankonzentration c_0 sinkt auch das Verhältnis c_0/q_0. (Dies kann man sich mit Hilfe einer günstigen Sorptionsisotherme verdeutlichen: Sinkt die Konzentration, bewegt man sich in einen Bereich der Isotherme, in dem sie steiler verläuft. Hier stehen zu kleinen Konzentrationen große Beladungen im Gleichgewicht und der Quotient c_0/q_0 sinkt.) Da dieses Verhältnis ebenfalls in die Berechnung der BIOT-Zahl einfließt und dem Anstieg durch die Veränderung der Geometrie entgegenwirkt, bleibt sie nahezu konstant (0,08 bzw. 0,07). In realen Filtersäulen wird die Filmdiffusion also ebenfalls geschwindigkeitsbestimmend sein.

Die modifizierte STANTON-Zahl St^* steigt auf Grund des erhöhten Stoffübergangskoeffizienten β_L von 6 auf 17 auf den 2,9-fachen Wert an. Dadurch erhöht sich der Anteil an Uran, der durch Filmdiffusion an die Ionenaustauscherpartikel transportiert wird im Vergleich zu der Menge, die durch das Durchströmen des Filters mit dem Wasserfluss transportiert wird. Dadurch ist die

---

[1] Prinzipiell empfiehlt es sich kleine Filterquerschnitte zu verwenden. Bei konstantem Durchsatz erhöht sich dadurch die Filtergeschwindigkeit, der Stoffübergangskoeffizient in der Flüssigkeit und die Filterlaufzeit (siehe Kapitel 5.4.2)

Tabelle 5.5: Vergleich zwischen experimentellen und realen Bedingungen

		Labor-Maßstab	Technische Anlage
Geometrie			
Filterradius	r_F	1 cm	28,2 cm
Filterhöhe	h_F	8,5 cm	1 m
Austauscher			
Austauscherdichte	ρ_{IA}	1060 g/L	1060 g/L
Masse	m	18 g	169 kg
Zwischenkornvolumen	ε	0,36	0,36
Partikeldurchmesser	d_P	0,6 mm	0,6 mm
Kinetik			
Diffusionskoeff. Feststoff	D_S	$1 \cdot 10^{-12}$ m²/s	$1 \cdot 10^{-12}$ m²/s
Stoffübergangskoeff. Flüssigkeit	β_L	$1,5 \cdot 10^{-5}$ m/s	$4,5 \cdot 10^{-5}$ m/s
Lösung			
Anfangskonzentration	c_0	1000 µg/L	60 µg/L
GG-Beladung zu c_0	q_0	267 µmol/g	42 µmol/g
Filterbeschreibung			
Volumenstrom	$\dot{V}$	20 BV/h	20 BV/h
Filtergeschwindigkeit	v_F	1,7 m/h	20 m/h
Stöchiometrischer Durchsatz	V_{ST}	43.000 BV	113.000 BV
Stöchiometrische Zeit	t_{ST}	90 d	235 d
Eff. Aufenthaltszeit	τ	65 s	65 s
Kapazitätsfaktor	C_F	120.000	313.000
DIFFUSIONSMODUL	Ed	86	226
mod. STANTON-Zahl	St^*	6	17
BIOT-Zahl	Bi	0,07	0,08

Sorption von Uran kinetisch weniger gehemmt. Das Durchbruchsverhalten nähert sich mehr dem stöchiometrischen Durchbruch an und der Anstieg der Urankonzentration beginnt später.

Das DIFFUSIONSMODUL Ed erhöht sich wegen des gesunkenen Verhältnisses c_0/q_0 um das 2,6-fache von 86 auf 226. Analog zur STANTON-Zahl vergleicht es den Anteil an Uran, der durch Korndiffusion ins Partikel diffundiert, mit dem Anteil, der durch Konvektion durch den Filter transportiert wird. Durch seinen Anstieg wird ebenfalls mehr Uran sorbiert als aus der Filterschüttung transportiert und der Durchbruch nähert sich ebenfalls dem stöchiometrischen Verhalten an. Auch hier kommt es zu einem späteren Anstieg der Urankonzentration am Filterausgang.

5.5 Regeneration

5.5.1 Gleichgewichtslage der Regeneration

Bei der Untersuchung der Regeneration wurde zunächst überprüft, wie viel Uran mit Hilfe verschiedener Regenerationsmittel vom Austauscher eluiert werden kann. Hierzu wurden je 1 g Austauscher mit 200 mL Natronlauge (1 mol/L) bzw. Schwefelsäure (0,5 mol/L) versetzt. Im Batch-Versuch kann bei dem Austauscher Amberlite IRA 67 mit NaOH lediglich 16% des auf dem Austauscher befindlichen Urans eluiert werden. In Kontakt mit H_2SO_4 werden 89% des sorbierten Urans in die Lösung abgegeben. Bei dem Harz Lewatit MP 62 zeigt sich ein unterschiedliches Bild. Hier entfernt Natronlauge 76% des Urans, Schwefelsäure dagegen nur 59%. Abbildung 5.25 zeigt die eluierten Mengen an Uran für die jeweils einstufige Regeneration. (Die Dosierung von 200 $mL_{REG-Mittel}/g_{IA}$ entspricht ca. dem 75-fachen Angebot an Protonen bzw. Hydroxid-Ionen im Verhältnis zur Anzahl der funktionellen Gruppen auf dem Austauscher).

Bei der Steigerung des pH-Wertes durch Natronlauge treten zwei gegenläufige Mechanismen auf: Zum einen werden die funktionellen Austauschergruppen deprotoniert und der Austauscher verliert an Kapazität und gibt gebundene Anionen ab. Zum anderen ändert sich die Speziation des Urans

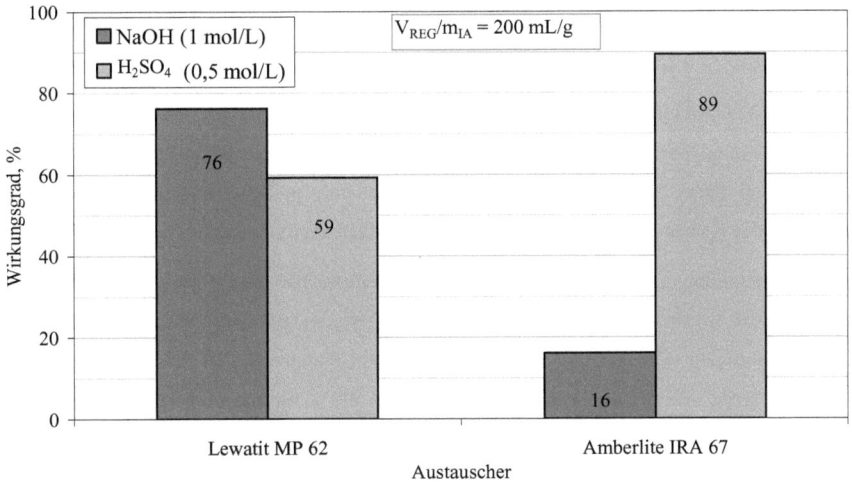

Abbildung 5.25: Regenerierter Anteil des Urans bei unterschiedlichen Regenerationsmitteln, $V_{REG-Mittel} / m_{IA} = 200$ mL/g

zum vierwertigen $UO_2(CO_3)_3^{4-}$-Komplex, der sehr viel stärker sorbiert wird. Bei den zwei untersuchten Austauschern kommen diese beiden Mechanismen in sehr unterschiedlichem Ausmaß zur Geltung: Das Acrylamid-Harz Amberlite IRA 67 bindet die vierfach negativ geladenen Urankomplexe so stark, dass die Aminogruppen nur zu einem geringen Teil deprotoniert werden und der größte Teil des Urans bleibt auf dem Austauscher. Bei dem Styrol-Copolymer Lewatit MP 62 werden dagegen die meisten funktionellen Gruppen deprotoniert und 76% des Urans wird eluiert.

Bei der Senkung des pH-Werts durch Schwefelsäure verändert sich die Speziation des Urans und es liegt als UO_2^{2+}-Kation vor. Dieses wird nicht mehr an den Anionenaustauscher gebunden und Uran wird abgegeben. Dieser Mechanismus ist bei den beiden Austauschern wiederum unterschiedlich ausgeprägt: Bei Amberlite IRA 67 desorbiert hierbei deutlich mehr Uran (89%) im Vergleich zu 59% bei Lewatit MP 62.

Zusätzlich wurde eine zweistufige Regeneration mit den gleichen Regenerationsmitteln untersucht, die nacheinander mit dem Austauscher in Kontakt gebracht wurden. Das Ergebnis ist in Abbildung 5.26 dargestellt. Beide Austauscher wurden in der einen Serie zunächst mit NaOH und anschließend mit H_2SO_4 regeneriert (Balken Nr. 1 und 3), in der zweiten mit umgekehrter Reihenfolge der Regenerationsmittel (Nr. 2 und 4). In allen Fällen wurde eine praktisch vollständige Rückgewinnung des Urans erreicht: In Summe der beiden Schritte wurde für Amberlite IRA 67 jeweils eine Effizienz von 100% erreicht, der Austauscher Lewatit MP 62 lässt sich zu 92% bzw. vollständig bezüglich Uran regenerieren.

Im periodischen Arbeitsspiel von Beladung und Regeneration müssen die Austauscher vor der nächsten Beladung mit Uran mit Natronlauge wieder in die freie Basenform überführt werden. Deshalb ist bei dieser Art von Regeneration in der Reihenfolge Schwefelsäure-Natronlauge besser geeignet, da der Austauscher danach sofort in der richtigen Form vorliegt.

Die experimentellen Ergebnisse sind schwer reproduzierbar und Parallelexperimente zeigen unterschiedliche Ergebnisse. Die erste in Abbildung 5.26 gezeigte Regenerationsstufe sollte an sich mit den Ergebnissen in Abbildung 5.25 übereinstimmen. Tendenziell ist dies der Fall, jedoch sind z.B. Unterschiede von 16 auf 8% bzw. von 89 auf 100% für das Acrylamid-Harz IRA 67 zu erkennen. Zudem sind experimentell erhaltene Wirkungsgrade oberhalb 100% physikalisch unmöglich. Diese beiden Ungenauigkeiten deuten auf eine Schwankung der ursprünglichen Uranbeladung der untersuchten Austauscherproben hin.

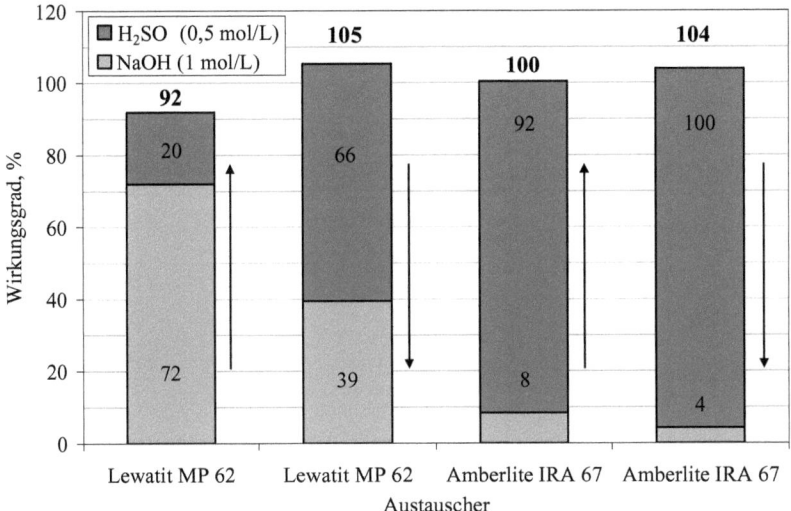

Abbildung 5.26. Wirkungsgrade der Uranrückgewinnung bei der zweistufigen Regeneration, $V_{REG\text{-Mittel}} / m_{IA} = 200$ mL/g pro Regenerationsschritt

Bei der Regeneration wird neben Uran auch NOM abgegeben. In beiden Schritten der zweistufigen Regeneration wurden bei dem Austauscher Amberlite IRA 67 eine Menge an NOM eluiert, die einer Austauscherbeladung von 51 – 52 mg/g DOC entspricht. Bei dem Austauscher Lewatit MP 62 betrug dieser Wert 43 mg/g, was vor allem daher rührt, dass dieser Austauscher auf Grund seiner geringeren Uran-Kapazität weniger lang im Einsatz war. Die Reihenfolge der Regeneration spielt für die Freisetzung der organischen Stoffe keine Rolle; es wurden jeweils Werte in gleicher Größenordnung ermittelt.

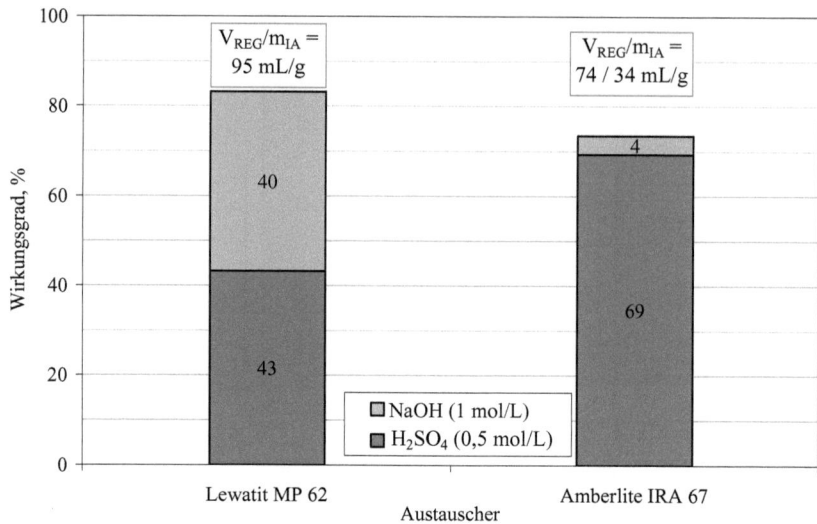

Abbildung 5.27. Regenerationsleistung bei gesenktem Volumen des Regenerationsmittels

In weiteren Versuchen wurde der Wirkungsgrad der Regeneration bei verringertem Volumen der Regenerationsmittel bestimmt. Bei diesen Versuchen wurde zuerst mit Schwefelsäure und anschließend mit Natronlauge regeneriert. Bei einer Halbierung der spezifischen Menge an Regenerationsmittel von 200 auf 95 mL/g ist bei dem Austauscher Lewatit MP 62 eine deutliche Reduzierung der Gesamteffizienz auf 83% zu erkennen (Abbildung 5.27). Der wesentliche Teil dieses Unterschiedes ist in der ersten Stufe, der Regeneration mit Schwefelsäure, auszumachen. Hier sinkt der Wirkungsgrad von 66 auf 43%, die zweite Stufe erbringt gleiche Regenerationsmengen. Die Menge der vom Austauscher abgegebenen NOM verringert sich ebenfalls von 43 auf 35 mg_{DOC}/g_{IA}.

Bei dem Austauscher Amberlite IRA 67 ist bei einer Reduzierung des spezifischen Regenerationsvolumens auf 74 mL/g im ersten Schritt mit Schwefelsäure und auf 34 mL_{NaOH}/g in der zweiten Stufe eine erhebliche Abnahme der regenerierten Uranmenge zu sehen, die Effizienz sinkt auf 73%. Wiederum verschlechtert sich insbesondere die Wirkung der Schwefelsäure. Die Ausbeute sinkt von 100 auf 69%, obwohl bei diesem Verhältnis von Säure zu Austauscher immer noch der 20-fache Überschuss an Protonen gegenüber der Anzahl der funktionellen Gruppen des Austauschers vorliegt. Die Menge freigesetzter organischer Substanzen vermindert sich von 51 auf 43 mg_{DOC}/g_{IA}. Damit verbleibt NOM nach der Regeneration auf dem Austauscher. Dies kann auch durch optische Untersuchung des Austauschers belegt werden. In Abbildung 5.28 sind Fotographien des Austauschers im frischen, im beladenen und im regenerierten Zustand abgebildet. Das frische Harz weißlich durchschimmernd, während des Filterbetriebs färben sich die einzelnen Filterschichten nach und nach tief schwarz, was auf organische Substanzen zurückzuführen ist. Nach der 73%igen Regeneration ist lediglich eine Farbaufhellung zu erkennen: Der Austauscher besitzt eine bräunliche Färbung, der anfängliche farblose Zustand wird nicht wieder erreicht. Die organischen Verbindungen werden offensichtlich nicht vollständig entfernt.

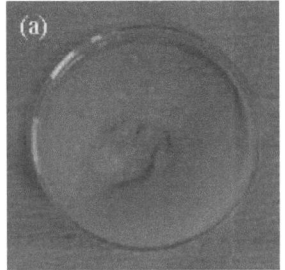 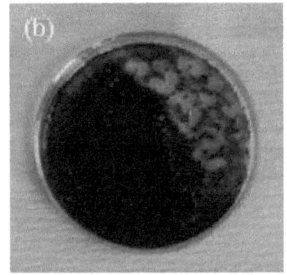 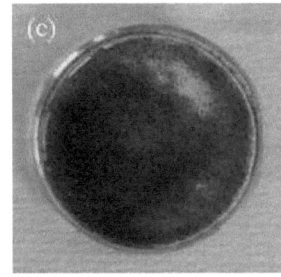

Abbildung 5.28: Fotografien des Austauschers Amberlite IRA 67 im (a) frischen, (b) beladenen und (c) im zu 73% regenerierten Zustand

5.5.2 Regeneration im Filterbetrieb

Wird ein Ionenaustauscher im periodischen Arbeitsspiel von Beladung und Regeneration betrieben, findet die Regeneration im Filterbetrieb statt. Hierbei spielen kinetische Einflüsse eine Rolle und es muss sich nicht unbedingt ein Gleichgewicht einstellen, wie im vorherigen Abschnitt gezeigt. Das Resultat der Regeneration einer Austauscherschüttung des Austauschers Amberlite IRA 67, der zuvor im Filterbetrieb mit Uran beladen wurde (vergleich Abbildung 5.18), ist in Abbildung 5.29 gezeigt. Die Regeneration mit NaOH (1 mol/L) fand im Gleichstrom von unten nach oben statt. Wegen des geringen Filtervolumens von 25 mL konnte der Durchfluss aus technischen Gründen nicht unter 8 BV/h realisiert werden. Aufgetragen sind die gemessenen Konzentrationen an Uran, weitere Anionen (SO_4^{2-}, Cl^-, NO_3^-), des DOC sowie der pH-Wert des Regenerats über dem Durchsatz des Regenerationsmittels. Die weitaus größte Menge an Uran und den weiteren anorganischen Komponenten wird innerhalb von 3 BV regeneriert. Hierbei findet eine sehr starke Aufkonzentrierung des Urans auf über 2 g/L statt. Während der Regeneration werden ebenfalls große Menge an Sulfat und DOC abgegeben. Chlorid wird nur geringfügig freigesetzt, Nitrat lediglich marginal. Hierdurch wird deutlich, dass während der Beladung kein Nitrat und kaum

Chlorid von dem Austauscher sorbiert werden. Gegenüber Uran ist somit lediglich das zweiwertige Sulfat ein Konkurrent um die Sorptionsplätze auf dem Austauscher.

Bilanziert man die sorbierten und regenerierten Mengen an Uran, so ergibt sich, dass insgesamt nur ca. 10% der auf dem Filter befindlichen Uranmenge eluiert wurde. Der größte Teil des Urans verbleibt somit auf dem Filter.

Zwischen 0,5 und 1,5 BV steigt der pH-Wert nur leicht an, da hier die meisten Hydroxidionen zur Umwandlung der funktionellen Gruppen im Ionenaustauscher benutzt werden und die Menge an freigesetzten Spezies sehr hoch ist.

Die Regeneration der organischen Spezies erfolgt langsamer: Nach einem Durchsatz von ca. 4 BV liegt die Konzentration an DOC noch bei 600 mg/L, was 60% des Maximalwertes entspricht. Obwohl der pH-Wert zu diesem Zeitpunkt bereits einen Wert von 13,8 erreicht hat, werden weiterhin organische Spezies freigesetzt.

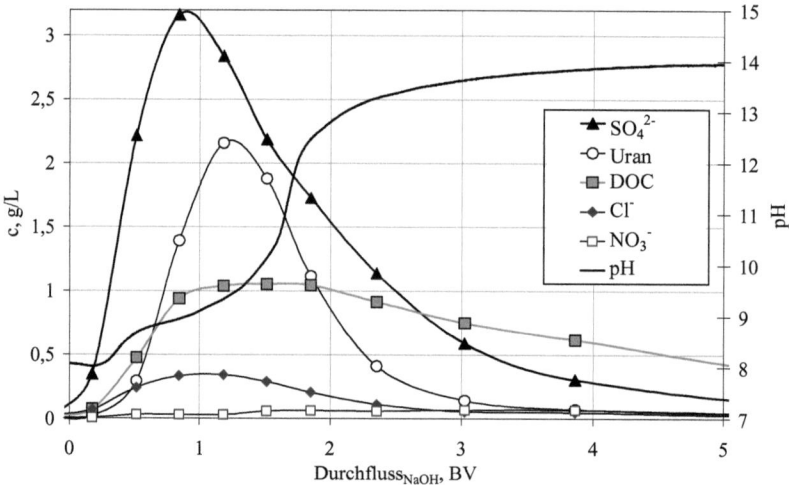

Abbildung 5.29: Konzentrationsverläufe bei der Regeneration im Filter, REG-Mittel: NaOH (1 mol/L), $\dot{V}_{NaOH}$ = 8 BV/h

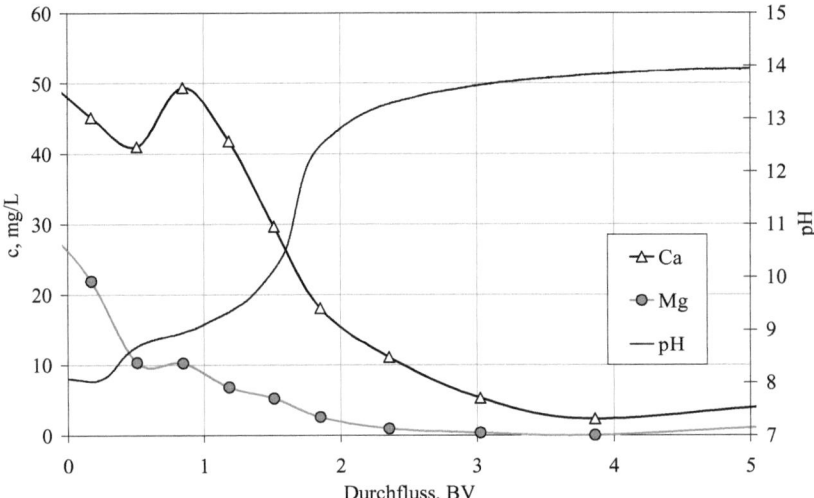

Abbildung 5.30: Konzentrationsverläufe von Calcium und Magnesium während der Regeneration mit NaOH (1 mol/L)

Für dasselbe Experiment sind in Abbildung 5.30 die Verläufe der gemessenen Konzentrationen von Calcium und Magnesium dargestellt. Zu Beginn des Versuchs treten die zwei Elemente im Filterabfluss auf, ihre Konzentration nimmt aber ab. Dies rührt aus dem Leitungswasser her, welches sich zu Versuchsbeginn noch im Zwischenvolumen der Filterschüttung befindet. Nach ca. 1 BV steigt die Konzentration von Calcium auf ihren maximalen Wert von 50 mg/L an. Hier wird zusätzlich Calcium vom Ionenaustauscher abgegeben (zu diesem Zeitpunkt werden auch die größten Mengen an Sulfat und Uran freigesetzt). Über die ganze Regeneration betrachtet wird insgesamt maximal 1/9 der molaren Menge an Calcium im Vergleich zu Uran freigesetzt. Daraus kann geschlossen werden, dass nur ein kleiner Teil des sorbierten Urans mit Calcium komplexiert vorliegt[1] (vergleiche Speziationsberechnung in Kapitel 2.1). Uran-Komplexe mit Magnesium scheinen auf Grund der lediglich konstant bleibenden Mg-Konzentration bei 1 BV keine wichtige Rolle zu spielen.

---

[1] Dies gilt unter der Annahme, dass $CaUO_2(CO_3)_3^{2-}$ während der Regeneration mit NaOH im Vergleich zu $UO_2(CO_3)_2^{2-}$ nicht vermehrt auf dem Austauscher zurückbleibt

Das Ergebnis einer Regeneration mit Schwefelsäure und Natronlauge im Gegenstrom ist in Abbildung 5.31 dargestellt. Aufgetragen sind die Konzentrationen an Uran und DOC über dem Durchfluss. Zunächst wurde die Filterschüttung mit H_2SO_4 mit einem Volumenstrom von 17 BV/h beaufschlagt. Dieser hohe Filterdurchfluss wurde während des Experiments gewählt, da in diesem Schritt durch die Senkung des pH-Werts große Mengen an gasförmigen CO_2 freigesetzt wurden und bei (anfänglich) kleinerem Volumenstrom keine Flüssigkeit am Filterende austrat. Anschließend wurde mit höherer Filtergeschwindigkeit mit VE-Wasser gespült. Danach folgte der zweite Regenerationsabschnitt mit NaOH bei einem Volumenstrom von 26 BV/h und ein erneuter Spülschritt mit VE-H_2O. Während der Regeneration mit Schwefelsäure werden Urankonzentrationen von ca. 3 mg/L erreicht. NOM wird in diesem Bereich ebenfalls am stärksten vom Filter eluiert, die Konzentrationen erreichen Werte bis 0,5 g/L. In der zweiten Regenerationsstufe mit NaOH werden nur noch geringe Mengen an Uran und NOM vom Filter entfernt. Insgesamt werden bei der Regeneration 30% des auf dem Filter befindlichen Urans eluiert. Offensichtlich ist bei den gewählten Randbedingungen die mögliche Regeneration mit Schwefelsäure noch nicht abgeschlossen. Nach 8 BV, beim Übergang zur Spülung mit VE-H_2O, ist die Uran-Konzentration noch nicht abgesunken. Weitere Zugabe der Säure hätte zu diesem Zeitpunkt sicherlich noch mehr Uran freigesetzt.

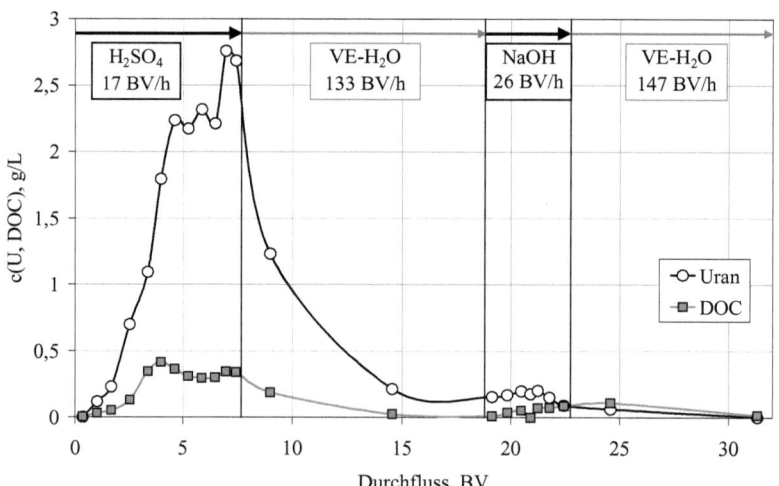

Abbildung 5.31: Konzentrationsverläufe bei der zweistufigen Regeneration

5.6 Wiederbeladung regenerierter Austauscher

Um die Entfernung von Uran mittels des Acrylamid-DVB-Copolymers Amberlite IRA 67 im Arbeitsspiel zwischen Beladung und Regeneration zu überprüfen, wurde beladener Austauscher regeneriert und die danach durchgeführte Wiederbeladung untersucht. Bei der Regeneration wurden ca. 73% des sorbierten Urans entfernt (vergleiche Abbildung 5.27). In Batch-Versuchen wurde die Gleichgewichtslage der zweiten Sorption ermittelt. Die Sorptionsisothermen für den frischen Austauscher sowie für den beladenen und regenerierten Austauscher sind in Abbildung 5.32 dargestellt. Zusätzlich ist die Isotherme eingezeichnet, die 73% der Beladung des frischen Austauschers darstellt. Sie zeigt, welche Gleichgewichtslage sich nach der nicht vollständigen Regeneration maximal einstellen kann. Die experimentell ermittelte Gleichgewichtslage der 2. Beladung stimmt relativ gut mit dieser theoretischen Isotherme überein.

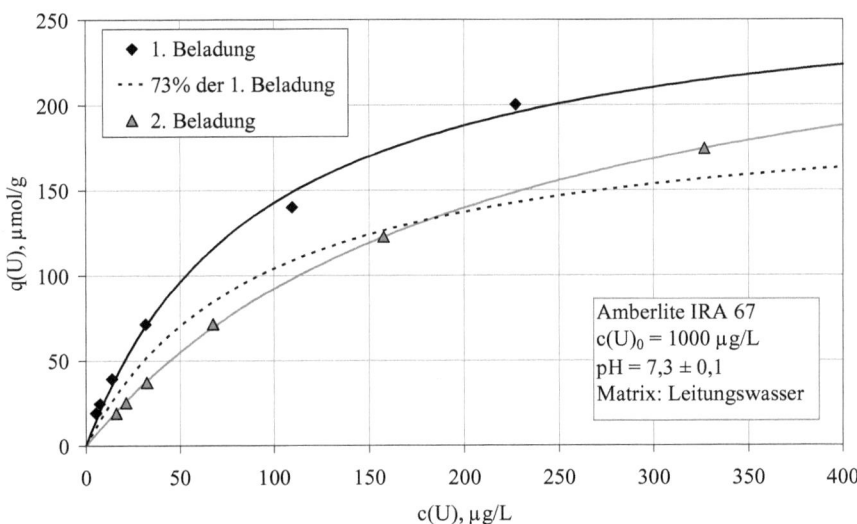

Abbildung 5.32: Sorptionsisothermen bei erster und zweiter Beladung, Wirkungsgrad der Regeneration = 73%, Anpassung nach Langmuir

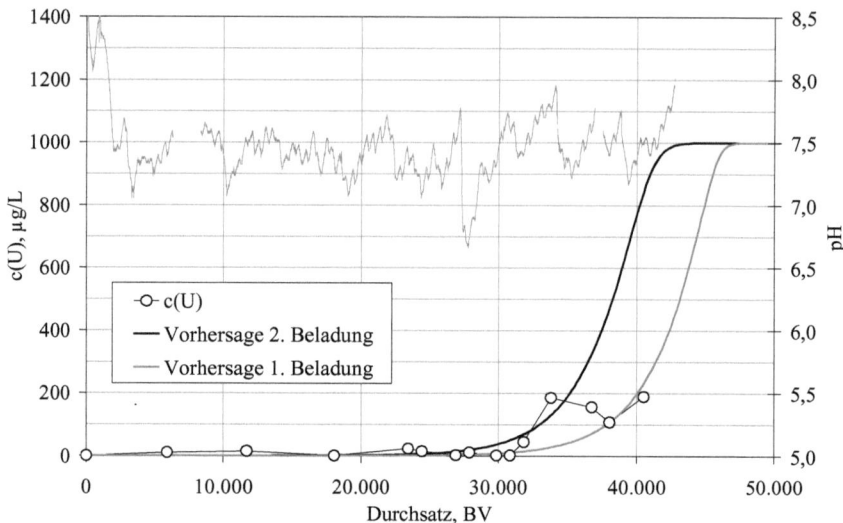

Abbildung 5.33: Experimentell ermittelte Durchbruchskurve der zweiten Beladung und berechnete Vorhersage für die erste und zweite Beladung, Austauscher: Amberlite IRA 67, $\dot{V}$ = 20 BV/h, $c(U)_0$ = 1000 µg/L

Die Durchbruchskurve in einem Filter im Labormaßstab des gleichen, zu 73% regenerierten Austauschers ist in Abbildung 5.33 dargestellt. Zusätzlich sind die berechneten Ablaufkonzentrationen für den regenerierten Austauscher (2. Beladung) und für den frischen Austauscher (1. Beladung) aufgetragen. Der Unterschied in diesen Berechnungen liegt in den verwendeten Gleichgewichtsparametern, die aus den experimentell ermittelten Isothermen abgeleitet wurden (siehe Abbildung 5.32). Die Ablaufkonzentrationen an Uran sind in den ersten 30.000 BV nahezu null, danach werden steigende Werte gemessen. Die experimentell ermittelten Ablaufkonzentrationen hinter dem wiederbeladenen Filter können aber nur schlecht vorausberechnet werden. Die Berechnung liefert höhere Urankonzentrationen als tatsächlich gemessen. Dies zeigt jedoch, dass der Ionenaustauscher im zweiten Arbeitsspiel offensichtlich nicht weniger Uran sorbiert. Es kann daraus geschlossen werden, dass prinzipiell mehrere Beladungen möglich sind.

6 Fazit

Ziel der Arbeit war es, ein Verfahren zur Entfernung von natürlichem Uran aus Grundwässern zu entwickeln. Da Uran in carbonathaltigem Wasser im neutralen pH-Bereich hauptsächlich als zweifach negativ geladener $UO_2(CO_3)_2^{2-}$-Komplex vorliegt, ergab sich die Idee, Uran mit schwach basischen Ionenaustauschern zu entfernen, die im neutralen pH-Bereich noch hinreichend dissoziiert sind. Daraufhin wurden systematisch Untersuchungen zur Eignung verschiedenen Typen von Ionenaustauschern durchgeführt.

Bei der Bestimmung der pH-abhängigen maximalen Kapazität bezüglich Chlorid erwies sich ein Ionenaustauscher auf Acrylamid-Basis im neutralen pH-Bereich als am besten geeignet.

Bei der Untersuchung der Gleichgewichtslage der Sorption der Uranspezies aus Leitungswasser wurde beobachtet, dass schon geringen Urankonzentrationen im Spurenbereich hohe Beladungen gegenüberstanden. Somit kann eine selektive und effektive Entfernung des Urans erreicht werden.

Die Untersuchung der Gleichgewichtslage der Sorption aus Reinstwasserlösungen, die mit Uran und Carbonat versetzt waren, ergab, dass es prinzipiell drei Einflussarten auf die Sorption gibt: (I) Befinden sich neben dem anionischen Urankomplex große Mengen an Sulfat im Wasser, konkurrieren diese um die Sorptionsplätze auf dem Austauscher und die Sorption der Uranspezies wird verringert. (II) In Lösung befindliches Calcium verändert die Speziation des Urans, als Folge liegt es nicht mehr als zweiwertiger, anionischer Komplex vor, sondern teilweise als neutraler Komplex, der nicht an dem Anionenaustauscher sorbieren kann. Daraufhin nimmt die Sorption an Uranspezies deutlich ab. Neben Calcium führen auch Magnesium und Carbonat zu einer Änderung der Uranspeziation; sie beeinflussen die Sorption jedoch geringer. (III) Steigt der pH-Wert im untersuchten, neutralen Bereich an, sinkt der Protonierungsgrad der funktionellen Aminogruppen und die Austauscherkapazität sinkt. Damit verschlechtert sich die Sorption der Uranspezies ebenfalls.

Aus den experimentellen Untersuchungen der Gleichgewichtslage aus Leitungswasser wurden für verschiedene pH-Werte Gleichgewichtsparameter nach der Korrelation von Langmuir abgeleitet, die für die Bestimmung der feststoffseitigen Diffusionskoeffizienten und die Modellierung des Filterverhaltens benötigt wurden.

Die Untersuchungen zur Sorptionskinetik konzentrierten sich auf die Bestimmung der beiden Transportparameter Stoffübergangskoeffizienten in der Flüssigkeit und Diffusionskoeffizient im Feststoff, die Eingang in die Berechung des Filterverhaltens fanden. Der flüssigseitige

Stoffübergangskoeffizient wurde durch Kleinfilter-Versuche ermittelt. Wie zu erwarten trat hierbei eine Abhängigkeit von der Filtergeschwindigkeit auf, die mit Hilfe verschiedener empirischer Korrelationen zur dimensionslosen SHERWOOD-Zahl bestätigt werden konnte. Zusätzlich wurde eine Abhängigkeit vom pH-Wert beobachtet. Diese trat durch die sich verändernde Uran-Speziation auf: Bei einer Erhöhung des pH-Werts im neutralen pH-Bereich liegt Uran nicht mehr als zweiwertiger $UO_2(CO_3)_2^{2-}$- sondern hauptsächlich als vierwertiger $UO_2(CO_3)_3^{4-}$-Komplex vor. Diese Erhöhung der Ladungszahl verbessert den Transport der Uranspezies durch den flüssigen Film und der Stoffübergangskoeffizient steigt. Diese Tatsache konnte auch mit Hilfe der NERNST-PLANCK-Gleichung bestätigt werden.

Der Diffusionskoeffizient im Ionenaustauscher-Partikel wurde experimentell mit einem Fliehkraftrührer bestimmt. Der Konzentrationsverlauf von Uran wurde mit unterschiedlichen Werten des Diffusionskoeffizienten und mit Hilfe des Ansatzes der kombinierten Film- und Oberflächendiffusion modelliert. Hierbei wurde eine gute Übereinstimmung zwischen berechneten und gemessenen Werten erreicht, woraus der Diffusionskoeffizient abgelesen werden konnte. Die so ermittelten Werte sind verglichen mit Diffusionsprozessen in Ionenaustauschern sehr gering, was sowohl auf eine langsame Diffusion im Partikelinneren als auch auf eine hohe Affinität der untersuchten Ionenaustauscher bezüglich der Uranspezies hinweist.

Bei der Untersuchung des Filterverhaltens wurden sehr lange Filterlaufzeiten beobachtet. Gegen Ende der Laufzeiten, wenn der Ionenaustauscher nahezu voll beladen war, konnte in den Laborfilterversuchen eine starke Abhängigkeit bezüglich des leicht oszillierenden pH-Wertes im neutralen Bereich der Ausgangslösung nachgewiesen werden.

Bei der Regeneration mit Natronlauge konnten im Filtermodus zwar lediglich 10% des auf dem Filter vorhandenen Urans entfernt werden, dafür konnten bezüglich der Sorption Konkurrenzeffekte durch Sulfat und NOM deutlich gemacht werden. Eine vollständige Regeneration uranbeladener Filter konnte mit hintereinander durchgeführter Behandlung mit Schwefelsäure und Natronlauge im Batch-Versuch erreicht werden. Hierbei wurde jedoch ein großes Überangebot an Regenerationsmittel benutzt.

Bei der mathematischen Beschreibung des Filterverhaltens mit den Ansätzen des stöchiometrischen Durchbruchs und der kombinierten Film- und Oberflächendiffusion flossen sowohl die ermittelten Gleichgewichtsparameter wie auch die bestimmten kinetischen Parameter ein. Durch die Vergleichbarkeit der experimentellen Daten mit der Modellierung des stöchiometrischen Durchbruchs konnte die Bestimmung der Gleichgewichtsparameter bestätigt werden. Die gute Deckung mit dem Ansatz der kombinierten Film und Oberflächendiffusion bekräftigt zum einen die ermittelten kinetischen Parameter und lässt zum anderen zufriedenstellende Vorhersagen des Filterdurchbruchs zu.

Mit dieser Arbeit konnte somit gezeigt werden, dass sich das schwach basische Acrylamid-Harz Amberlite IRA 67 sehr gut dazu eignet, natürlich vorkommende Uranspezies aus dem Grundwasser zu entfernen. Die verfahrenstechnischen Grundlagen für die Anwendung sind erarbeitet und es stehen theoretische Ansätze zur Filterauslegung bereit, die eine sehr gute Vorausberechnung ermöglichen.

Die technische Anwendung des Verfahrens hat im Verlauf der Arbeit bereits begonnen. Im oberfränkischen Hirschaid wurde eine Filteranlage mit einem Volumen von 5 m³ und einem Durchsatz von 32 bis 58 m³/h gebaut [HAGEN 2008], im unterfränkischen Maroldsweisach ist eine weitere Anlage im Bau. Eine dritte Anlage ist seit kurzem in der Tschechischen Republik in Betrieb. Alle Anlagen verwenden den in dieser Arbeit erfolgreich getesteten schwach basischen Ionenaustauscher Amberlite IRA 67.

7 Literaturverzeichnis

Agarwal R. P. (2000) Difference Equation and Inequalities, *Marcel Dekker*, New York

Arai Y., McBeath M., Bargar J.R. et al. (2006) Uranyl adsorption and surface speciation at the imogolite-water interface: Self-consistent spectroscopic and surface complexation models, *Geochimica et Cosmochimica Acta* 70, 2492-2509

Atkins P., de Paula J. (2002) Atkins Physical Chemistry, 7. Edition, *Oxford University Press*

Bahr C., Stieber M., Jekel M. (2007) Uranentfernung in der Trinkwasseraufbereitung: Laboruntersuchungen zu U(VI)-Adsorption an granuliertem Eisenhydroxid, *Jahrestagung der Wasserchemischen Gesellschaft, Fachgruppe in der Gesellschaft Deutscher Chemiker*, Passau, 14.-16. Mai, 230-235

Bednar A. J., Medina V. F., Ulmer-Scholle D. S. et al. (2007) Effects of organic matter on the distribution of uranium in soil and plant matrices, *Chemosphere* 70, (2) 237-247

Bernhard G., Geipel G., Brendler V. et al (1996) Speciation of Uranium in Seepage Waters of a Mine Tailing Pile Studied by Time-Resolved Laser-Induced Fluorescence Spectroscopy (TRLFS), *Radiochimica Acta* 74, 87-91

Bernhard G., Geipel G., Reich T. et al. (2001) Uranyl(VI) carbonate complex formation: Validation of the $Ca_2UO_2(CO_3)_3$ (aq.) species, *Radiochimica Acta* 89, (8), 511-518

BfR (2006) BfR korrigiert Höchstmengenempfehlung für Uran in Wässern zur Zubereitung von Säuglingsnahrung, *Gemeinsame Stellungnahme Nr. 014/2006 des BfS und des BfR vom 16. Januar 2006*

Bird R.B., Stewart W.E., Lighfoot W.N. (2002) Transport Phenomena, 2. Edition, *John Wiley & Sons Inc*, New York

Bjoerck A., Dahlquist G. (1999) Numerical mathematics and scientific computation, *Siam*, Philadelphia

Boyd G.E., Adamson A.W., Myers L.S. Jr. (1947) The exchange adsorption of ions from aqueous solutions by organic zeolites. II. Kinetics, *Journal of the American Chemical Society* 69, 2836-2848

Büchel K.H., Moretto H.-H., Woditsch P. (1999) Industrielle Anorganische Chemie, 3. Auflage, *Wiley-VCH*, Weinheim

Bünger T. (2006) Natürliche Radionuklide in Grundwässern sowie Strahlenschutzaspekte bei der Trinkwasseraufbereitung und den dabei anfallenden Reststoffen, *WaBoLu-Wasserkurs, Fortbildungstagung für Wasserfachleute*, 7.-9. November, V04

Butt J.B. (1999) Reaction Kinetics and Reactor Design, 2. Edition, *Marcel Dekker*, New York

Clifford D.A., Zhang Z. (1995) Removing Uranium and Radium from Groundwater by Ion Exchange Resins, in: *Ion Exchange Technology*, A.K. Sengupta, *Technomic*, Lancaster, 1-59

Crittenden J.C., Wong B.W., Thacker W.E. et al. (1980) Mathematical model of sequential loading in fixed-bed adsorbers, *Journal Water Pollution Control Federation* 52, (11) 2780-2795

Dong W.M., Brooks S.C. (2006) Determination of the formation constants of ternary complexes of uranyl and carbonate with alkaline earth metals (Mg^{2+}, Ca^{2+}, Sr^{2+}, and Ba^{2+}) using anion exchange method, *Environmental Science & Technology* 40, (15) 4689-4695.

Dorfner K. (1991) Introduction to Ion Exchange and Ion Exchangers, in: *Ion Exchanges*, K. Dorfner, *Walter de Gruyter*, Berlin, 7-187

Dwivedi P.N., Upadhyay S.N. (1977) Particle-fluid mass transfer in fixed and fluidized beds, *Industrial and Engineering Chemistry Research, Process Design and Development* 16, (2) 157-165

Dzul Erosa M.S. (2008) Entfernung von Selen und Antimon-Spezies aus wässrigen Lösungen mit Hilfe schwach basischer Anionenaustauscher, *Dissertation, Fakultät für Chemieingenieurwesen und Verfahrenstechnik, Universität Karlsruhe (TH)*, Karlsruhe

Evans R.D. (1955) The Atomic Nucleus, *McGraw-Hill*, New York

Fettig J., Sontheimer H. (1984) Effektive Transportkoeffizienten bei der Adsorption natürlicher organischer Wasserinhaltsstoffe an Aktivkohle, *Vom Wasser* 63, 199-211

Fick A. (1855) Über Diffusion, *Annalen der Physik* 170, 1, 59-86

Freundlich H. (1906) Über die Adsorption in Lösungen, *Zeitschrift für physikalische Chemie* 57, 385-470

Gascoyne M. (1992) Geochemistry of the actinides and their daughters, in: *Uranium-series Disequilibrium: Applications to Earth, Marine, and Environmental Sciences*, M. Ivanovich, R.S. Harmon, *Clarendon Press*, Oxford, 34-61

Gnielinski V. (1978) Gleichungen zur Berechnung des Wärme- und Stoffaustausches in durchströmten Kugelschüttungen bei mittleren und großen Peclet-Zahlen, *Verfahrenstechnik* 12, 363-366

Goodman D.R. (1985) Nephotoxicity. Toxic effects in the kidneys, in: *Industrial toxicology. Safety and health applications in the workplace*, P.L. Williams, J.L. Burson, *Van Nostrand Reinhold Company*, New York, 106-122

Grenthe I., Fuger J., Konings R.J. et al. (1992) Chemical Thermodynamics of Uranium, 1. Edition, *Elsevier*, Amsterdam

Groen J., Velstra J., Meesters A.G. (2000) Salinization processes in paleowaters in coastal sediments of Suriname: evidence from $\delta^{37}Cl$ analysis and diffusion modelling, *Journal of Hydrology* 234, (1-2) 1-20

Guillaumont, R., Fanghänel T., Fuger J. et al. (2003) Update on the Chemical Thermodynamics of Uranium, Neptunium, Plutonium, Americium and Technetium, *Elsevier*, Amsterdam.

Haferburg G., Merten D., Buchel G. et al. (2007) Biosorption of metal and salt tolerant microbial isolates from a former uranium mining area. Their impact on changes in rare earth element patterns in acid mine drainage, *Journal of Basic Microbiology* 47, (6) 474-484

Hagen K. (2008) Erste großtechnische Anlage zur Uranentfernung aus Trinkwasser in Deutschland, *bbr Fachmagazin für Brunnen- und Leitungsbau* 4 59-59

Hanson S.W., Wilson D.B., Gunaji N.N. (1987) Removal of Uranium from Drinking Water by Ion Exchange and Chemical Clarification, *U.S. Environmental Protection Agency*, Washington D.C., EPA/600/2-87/076

Helfferich F. (1959) Ionenaustauscher, Band 1: Grundlagen, *Verlag Chemie*, Weinheim/Bergstraße

Helfferich F. (1983) Ion Exchange Kinetics - Evolution of a Theory, in: *Mass Transfer and Kinetics of Ion Exchange*, L. Liberti und F. Helfferich, *Martinus Nijhoff*, Den Haag, 157-179

Helfferich F., Hwang Y.-L. (1991) Ion Exchange Kinetics, in: *Ion Exchanges*, K. Dorfner, *Walter de Gruyter*, Berlin, 1277-1309

Höll W.H. (1984) Optical verification of ion exchange mechanisms in weak electrolyte resins, *Reactive Polymers* 2, 93-101

Höll W.H., Bartosch C., Zhao X., He J. (2002) Elimination of trace heavy metals from drinking water by means of weakly basic anion exchangers, *Journal of Water Supply: Research and Technology - AQUA* 51, (3) 165-172

Höll W.H., Oezoguz G., Yun G.C, Zhao X. at al. (2003) Selective removal of chromate from contaminated ground water by means of selective ion exchange, in: *Drinking water contamination: Approaches and Applications, Proc. 2nd International Conference "Water Quality Management"*, New Delhi, 34-42

Höll W.H., Yun G.C., Hagen K. (2004) Elimination gesundheitsbedenklicher Schwermetalle aus Rohwässern der Trinkwasserversorgung in China. *Abschlussbericht des BMBF-Forschungsprojekts FZK 9803 und 02 WT 9842*

Huikuri P., Salonen L. (2000) Removal of uranium from Finnish ground-waters in domestic use with strong base anion resin, *Journal of Radioanalytical and Nuclear Chemistry* 245, (2) 385-393

Huxstep M.R., Sorg T.J. (1988) Removal of Inorganic Contaminants by Reverse Osmosis Pilot Plants, *US-EPA*, EPA-600/S 2-87/109

Johnson M.F., Steward W.E. (1965) Pore structure and gaseous diffusion in solid catalysts, *Journal of Catalysis* 4, (2) 248-252

Kalmykov S.N., Choppin G.R. (2000) Mixed $Ca^{2+}/UO_2^{2+}/CO_3^{2-}$ complex formation at different ionic strengths, *Radiochimica Acta* 88, 603-606

Kataoka T., Yoshida H., Ueyama K. (1972) Mass transfer in laminar region between liquid and packing material surface in the packed bed, *Journal of Chemical Engineering of Japan* 5, (2) 132-136

Katsoyiannis I.A. (2007) Carbonate effects and pH-dependence of uranium sorption onto bacteriogenic iron oxides: Kinetic and equilibrium studies, *Journal of Hazardous Materials* 139, (1) 31-37

Kelly S.D., Kemner K.M., Brooks S.C. et al. (2005) $Ca-UO_2-CO_3$ complexation - Implications for bioremediation of U(VI), *Physica Scripta*, T115, 915-917

Kelly S.D., Kemner K.M., Brooks S.C. (2007) X-ray absorption spectroscopy identifies calcium-uranyl-carbonate complexes at environmental concentrations, *Geochimica et Cosmochimica Acta* 71, (4) 821-834

Konietzka R., Dieter H.H., Voss J.U. (2005) Vorschlag für einen gesundheitlichen Leitwert für Uran im Trinkwasser, *Umweltmedizin in Forschung und Praxis* 10, (2) 133-143

Konietzka R. (2006) Humantoxikologische Bewertung von Uran - Vorschlag eines gesundheitlichen Leitwertes für Trinkwasser, *WaBoLu-Wasserkurs, Fortbildungstagung für Wasserfachleute*, 7.-9. November, V06

Kressman T.R., Kitchener J.A. (1949) Cation Exchange with a Synthetic Phenolsulphonate Resin, Part V. Kinetics, *Discussions of the Faraday Society* 7, 90-104

Kunin R., Vassiliou B. (1964) New deionization techniques based upon weak electrolyte ion exchange resins, *Industrial & Engineering Chemistry, Process Design and Development* 3, (4) 404-409

Ladendorf K.F. (1971) Untersuchungen über die Austauschkinetik organischer Anionen an makroporösen Anionenaustauscherharzen, *Dissertation, Fakultät für Chemieingenieurwesen, Universität Karlsruhe (TH)*, Karlsruhe

Langmuir D. (1978) Uranium solution-mineral equilibria at low temperatures with applications to sedimentary ore deposits, *Geochimica et Cosmochimica Acta* 42, 547-569

Langmuir I. (1918) The adsorption of gases on plain surfaces of glass, mica and platinum, *Journal of the American Chemical Society* 40, 1361-1403

Levenspiel O. (1972) Chemical reaction engineering, 2. Edition, *John Wiley & Sons Inc*, New York

Mellah A., Chegrouche S., Barkat M. (2006) The removal of uranium(VI) from aqueous solutions onto activated carbon: Kinetic and thermodynamic investigations, *Journal of Colloid and Interface Science* 296, 434-441

Nancharaiah Y.V., Joshi H.M., Mohan, T.V.K. et al. (2006) Aerobic granular biomass: a novel biomaterial for efficient uranium removal, *Current Science* 91, (4) 503-509

Nernst W. (1888) Zur Kinetik der in Lösung befindlichen Körper. Erste Abhandlung. Theorie der Diffusion, *Zeitschrift für physikalische Chemie* 2, (9) 613–637

Nernst W. (1889) Die elektromotorische Wirksamkeit der Jonen, *Zeitschrift der physikalischen Chemie* 4, (2) 129–181

Nuclear Energy Agency (2006) Uranium 2005: Resources, Production and Demand, *OECD Publishing*

Olaj O.F. (1967) Strahlenwirkung auf feste Polymere, in: *Strahlenchemie, Grundlagen-Technik-Anwendung*, K. Kaindl, E.H.Graul, *Dr. Alfred Hüthig Verlag*, Heidelberg, 425-451

Osmond J.K., Cowart J.B. (1992) Ground water, in: *Uranium-series Disequilibrium: Applications to Earth, Marine, and Environmental Sciences*, M. Ivanovich, R.S. Harmon, *Clarendon Press*, Oxford, 290-333

Parsons J.G., Tiemann K.J., Peralta-Videa J.R. et al. (2006) Sorption of Uranyl Cations onto Inactivated Cells of Alfalfa Biomass Investigated Using Chemical Modification, ICP-OES, and XAS, *Environmental Science and Technology* 40, 4181-4188

Pashalidis I., Buckau G. (2007) U(VI) mono-hydroxo humate complexation, *Journal of Radioanalytical and Nuclear Chemistry* 273, (2) 315-322

Pellny P.-M. (2007) Persönliches Gespräch mit dem Hersteller „Rohm und Haas"

Phillips D.H., Gu B., Watson D.B. et al. (2008) Uranium removal from contaminated groundwater by synthetic resins, *Water Research* 42, (1-2) 260-268

Planck M. (1890) Ueber die Erregung von Electricität und Wärme in Electrolyten, *Annalen der Physik und Chemie* 275, (2) 161-186

Puchert W. (2006) Uran im Trinkwasser von Mecklenburg-Vorpommern, *WaBoLu-Wasserkurs, Fortbildungstagung für Wasserfachleute*, 7.-9. November, V05

Scatchard G. (1949) The attractions of proteins for small molecules and ions, *Annals of the New York Academy of Sciences* 51, 660-672

Schlitt V. (2008) Uran – Vorkommen – Relevanz – Entfernung, *Wassertechnologische Möglichkeiten zur Lösung aktueller Fragestellungen, 13. TZW-Kolloquium*, 9. Dezember, 119-138

Song Y., Wang Y., Wang L. et al. (1999) Recovery of uranium from carbonate solutions using strongly basic anion exchanger 4. Column operation and quantitative analysis, *Reactive and Functional Polymers* 39, 245-252

Sontheimer H., Frick B.R., Fettig J. et al. (1985) Adsorptionsverfahren zur Wasserreinigung, *DVGW-Forschungsstelle am Engler-Bunte-Institut der Universität Karlsruhe (TH)*, Karlsruhe

Sontheimer H., Crittenden H.C., Summers R.S. et al. (1988) Activated carbon for water treatment, *DVGW-Forschungstelle am Engler-Bunte-Institut der Universität Karlsruhe (TH)*, Karlsruhe

Sorg T.J. (1988) Methods for removing uranium from drinking water, *Journal of the American Water Works Association* 80, (7) 105-111

Sperlich A. Werner A., Genz A. et al. (2005) Breakthrough behavior of granular ferric hydroxide (GFH) fixed-bed adsorption filters: modeling and experimental approaches, *Water Research* 39, (6) 1190-1198

Sperlich A. Schimmelpfennig S., Baumgarten B. et al. (2008) Predicting anion breakthrough in granular ferric hydroxide (GFH) adsorption filters, *Water Research* 42, 2073-2082

Tondeur D., Bailly M. (1986) Design methods for ion-exchange processes based on the "Equilibrium Theory", in: *Ion Exchange: Science and Technology*, A. E. Rodrigues, *Martinus Nijhoff*, Dordrecht, 147-197

Ullmann F. (1996) Ullmann's Encyclopedia of industrial Chemistry, 5. Edition, *Wiley-VCH*, Weinheim

US-EPA (2000) National Primary Drinking Water Regulations, Radionuclides

Vaaramaa K., Lehto J., Jaakkola T. (2000) Removal of $^{234,238}U$, ^{226}Ra, ^{210}Po and ^{210}Pb from drinking water by ion exchange, *Radiochimica Acta* 88, 361-367

VDI-Wärmeatlas (1994) Berechnungsblätter für den Wärmeübergang, 7. Auflage, *VDI-Verlag*, Düsseldorf

Wazne M., Korfiatis G.P., Meng X. (2003) Carbonate Effects on Hexavalent Uranium Adsorption by Iron Oxyhydroxide, *Environmental Science and Technology* 37, 3619-3624

Wazne M., Meng X., Korfiatis P. et al. (2006) Carbonate effects on hexavalent uranium removal from water by nanocrystalline titanium dioxide, *Journal of Hazardous Materials* 136, 47-52

Weber W.J., Lui K.T. (1980) Determination of mass transport parameters for fixed bed adsorbers, *Chemical Engineering Communications* 6, (1-3) 49-80

Wesselingh J.A., Krishna R. (1990) Mass transfer, *Ellis Horwood*

WHO (1998) Guidelines for drinking-water quality, 2. Edition, ISBN 92-4-154514-3

WHO (2004) Guidelines for drinking-water quality, 3. Edition, ISBN 92-4-154696-4

Wilson E.J., Geankoplis C.J. (1966) Liquid mass transfer at very low Reynolds numbers in packed beds, *Industrial and Engineering Chemistry Fundamentals* 5, (1) 9-14

Worch E. (1993) Eine neue Gleichung zur Berechnung von Diffusionskoeffizienten gelöster Stoffe, *Vom Wasser* 81, 289-297

Yang J., Volesky B. (1999) Biosorption of Uranium on Saragassum Biomass, *Water Research* 33, (15) 3357-3363

Zhao X., Höll W.H. (2002) Elimination of cadmium trace contaminations from drinking water, *Water Research* 36, 851-858

8 Anhang

8.1 Symbolverzeichnis

Lateinische Symbole

A	m²	Fläche
a	m²	Oberfläche
C_F	-	Kapazitätsfaktor
c	g/L	Konzentration
$\tilde{c}$	mol/L	Molare Konzentration
D	m²/s	Diffusionskoeffizient
d	m	Durchmesser
ΔG	J/mol	Freie Enthalpie
K	je nach Fall	(Gleichgewichts-) Konstante
M	g/mol	Molare Masse
m	g	Masse
$\dot{N}$	mol/s	Stoffstrom
n	-	Freundlich-Exponent
$\dot{n}$	mol/m²s	Spezifischer Stoffstrom
q	g/g	Beladung
q_0	g/g	Beladung, die mit c_0 im Gleichgewicht steht oder Beladung zum Zeitpunkt t = 0
$\bar{q}$	g/g	Mittlere Beladung
R	m	Radius
R	-	Dimensionslose Radialkoordinate
r	m	Radiale Ortskoordinate
T	K	Absolute Temperatur oder
	-	Dimensionslose Laufzeit
t	s	Zeit
u	m²/sV	Ionenbeweglichkeit
V	L	Volumen
$\dot{V}$	m³/s	Volumenstrom

v	m/s	Geschwindigkeit
X	-	Dimensionslose Konzentration
x	m	Ortskoordinate
Y	-	Dimensionslose Beladung
Z	-	Dimensionslose Axialkoordinate
z	M	Axialkoordinate oder
	-	Elektrochemische Wertigkeit

Indizes

*	Im Gleichgewicht / an der Phasengrenze
0	zum Zeitpunkt t = 0 oder
	aus der Ausgangslösung oder
	maximal gemessener Wert
	Standardbedingungen (1013 mbar, 25 °C)
eff	Effektiv
F	Filter oder
	Freundlich
f	Gebildet aus den Elementen (formation)
i	Der Komponente i
L	Flüssigkeit oder
	Langmuir
max	Maximal
m	molar
P	Partikel
r	Reaktion
S	Feststoff
s	Spezifisch, auf das Volumen bezogen
stöch	Stöchiometrisch

Griechische Symbole

β	m/s	Stoffübergangskoeffizient
ε	-	Porosität
η	Pa·s	Dynamische Viskosität
λ	M	Filmdicke
ν	m²/s	Kinematische Viskosität
	-	Stöchiometrischer Reaktionskoeffizient
ρ	g/L	Dichte
τ	s	Effektive Aufenthaltszeit oder
φ	V	Elektrisches Potential

Abkürzungen

DOC	Gelöster organischer Kohlenstoff (Dissolved Organic Carbon)
NOM	Natürliche organische Wasserinhaltsstoffe (Natural Organic Matter)
TIC	Gesamter anorganisch Kohlenstoff (Total Inorganic Carbon)

Konstanten

F	96485 C/mol	Faraday-Zahl
k_B	1,38·10^{-23} J/K	Boltzmann-Konstante
R	8,314 J/mol·K	Universelle Gaskonstante

Dimensionslose Kennzahlen

Bi $\qquad \dfrac{d_P \cdot c_0 \cdot \beta_L}{2 \cdot \rho_P \cdot q_0 \cdot D_S}$ $\qquad$ BIOT-Zahl

Ed $\qquad \dfrac{4 \cdot D_S \cdot C_F \cdot \tau}{d_P^{\,2}}$ $\qquad$ Diffusionsmodul

Re $\qquad \dfrac{v_F \cdot d_P}{\varepsilon \cdot \nu}$ $\qquad$ Reynolds-Zahl

Sc $\qquad \dfrac{\nu}{D_L}$ $\qquad$ SCHMIDT-Zahl

Sh $\qquad \dfrac{\beta_L \cdot d_P}{D_L}$ $\qquad$ Sherwood-Zahl

St* $\qquad \dfrac{2(1-\varepsilon)\tau \cdot \beta_L}{\varepsilon \cdot d_P}$ $\qquad$ modifizierte STANTON-Zahl

8.2 Berechnung der Stoffströme in der flüssigen Phase

Die Stoffströme der beiden Urankomplexe $UO_2(CO_3)_2^{2-}$ und $UO_2(CO_3)_3^{4-}$ wurden mit Hilfe der NERNST-PLANCK-Gleichung (3.10) beschrieben.

$$\dot{n}_i = -D_i \frac{dc_i}{dx} - D_i \cdot z_i \frac{c_i F}{RT} \frac{d\varphi_i}{dx} \tag{8.1}$$

Die Diffusionskoeffizienten wurden mit Hilfe der Gleichung 3.29 berechnet.

$$D_L = 3{,}595 \cdot 10^{-14} \frac{T}{\eta \cdot M^{0{,}53}} \tag{8.2}$$

Mir Gleichung 8.2 ergeben sich Zahlenwerte von $4{,}45 \cdot 10^{-10}$ m²/s für den zweiwertigen Komplex und von $4{,}13 \cdot 10^{-10}$ m²/s für den vierwertigen. Für den Konzentrationsgradienten dc/dx wurden Urankonzentrationen von 1000 µg/L in der Lösung und 0 an der Partikeloberfläche über der Filmdicke λ angenommen. Die gewählten Konzentrationen spiegeln die realen Verhältnisse in Kapitel 5.3.1 wider. Die Filmdicke λ wurde über die SHERWOOD-Zahl ($\lambda = Sh/d_P$) und mit der Korrelation nach Wilson (Gleichung 3.25) bestimmt. Da die Dicke des Film von der REYNOLDS-Zahl und somit von der Filtergeschwindigkeit abhängig ist, wurde ein typischer Wert von v_F = 10 m/h gewählt [SONTHEIMER 1985]. Mit einem Partikeldurchmesser von d_P = 0,6 mm, einer Schüttungsporosität von ε = 0,37, einer Temperatur von 20°C und der dazugehörigen kinematischen Viskosität von Wasser v_{H2O} = $1{,}004 \cdot 10^{-6}$ m²/s ergeben sich Filmdicken von λ = 12,8 µm für $UO_2(CO_3)_3^{4-}$ und 13,1 µm für $UO_2(CO_3)_2^{2-}$. Für die wirksame Urankonzentration c im rechten Summand von Gleichung 3.10 wurde der Mittelwert aus Lösungskonzentration und Konzentration am Partikel benutzt. Mit diesen Annahmen ergeben sich die in Abbildung 5.15 gezeigten Stoffströme.

8.3 Analysemethoden, Chemikalien und Apparate

Analysemethoden

Parameter	Geräte-Typ	Meßmethode	Nachweisgrenze
U	ICP-MS	DIN EN ISO 17294-2	1 µg/L
SO_4^{2-}	Ionenchromatographie	ION PAC AS 11	2,0 mg/L
Cl^-	Ionenchromatographie	ION PAC AS 11	1,7 mg/L
NO_3^-	Ionenchromatographie	ION PAC AS 11	2,2 mg/L
Ca^{2+}/Ca [1]	Ionenchromatographie	ION PAC CS 12 A	1,0 mg/L
	ICP-OES	DIN EN ISO 11885	25 µg/L
Mg^{2+}/Mg [1]	Ionenchromatographie	ION PAC CS 12 A	1,2 mg/L
	ICP-OES	DIN EN ISO 11885	2 µg/L
Na^+	Ionenchromatographie	ION PAC CS 12 A	0,1 mg/L
DOC	NPOC	DIN EN 1484	0,25 mg/L
TIC	Säure-Basekapazität bei pH 4,3 bzw 8,2	DIN 38409 H7-1	-
pH	Einstabmeßketten		-

[1] Die Bestimmung der Calcium- und Magnesiumkonzentrationen von Grundwässern wurde mit Hilfe der Ionenchromatographie bestimmt, da die Elemente bei diesen Bedingungen fast ausschließlich als zweifach positiv geladenen Kationen vorliegen. Bei der Analyse der Regenerate, bei denen große Teile des Calciums und Magnesiums auch als anionische oder neutrale Komplexe vorliegen können, wurden Ca und Mg mit ICP-OES gemessen.

Apparate

Reinstwasser	Millipore Milli-Q Plus
Zentrifuge	Hermle ZK 401

Chemikalien

        Calciumchlorid ($CaCl_2$) zur Analyse, Merck
        Imidazol ($C_3H_4N_2$) Puffersubstanz, Merck
        Magnesiumchlorid ($MgCl_2 \cdot 6\ H2O$) zur Analyse, Merck
        Natriumchlorid (NaCl) reinst, Merck
        Natriumhydrogencarbonat ($NaHCO_3$) zur Analyse, Merck
        Natriumsulfat (Na_2SO_4) zur Analyse, Merck
        Uran (U) Standartlösung für AAS, in 1,2 Gew.-% HNO_3, Aldrich

        Natronlauge (NaOH) Merck
        Salpetersäure (HNO_3) suprapur, Merck
        Salzsäure (HCl) Merck
        Schwefelsäure (H_2SO_4) Merck

8.4 Messgenauigkeit bei den Gleichgewichtsversuchen

Bei der Reproduzierbarkeit wurden die Verlässlichkeit der Gleichgewichtsversuche und daraus die Vertrauenswürdigkeit der Gleichgewichtsparameter nach Langmuir überprüft. Hierzu wurde ein Sorptionsversuch mit Uran an dem Austauscher Lewatit MP 62 drei Mal durchgeführt.

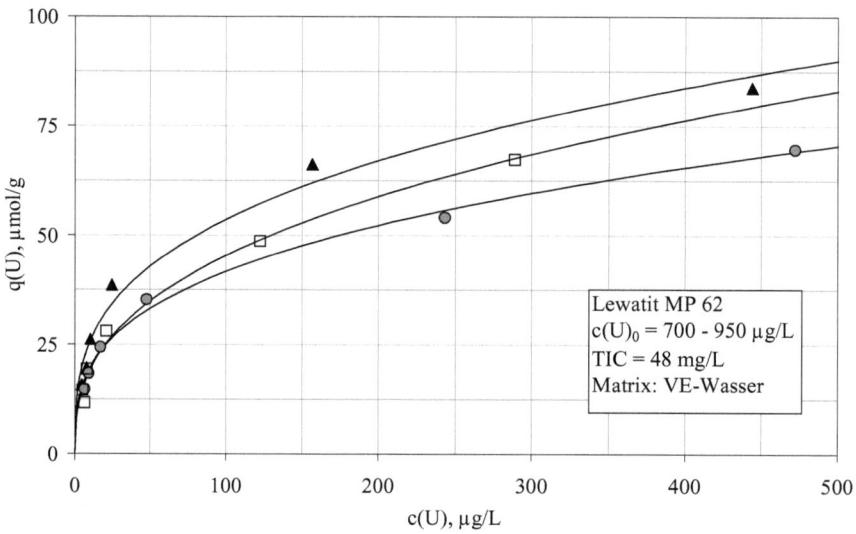

Abbildung 8.1: Isothermen der Sorption von Uranspezies bei drei identisch durchgeführten Experimenten, Anpassung nach FREUNDLICH, pH = 8,6

In Abbildung 8.1 sind die unterschiedlich erhaltenen Messwerte und die Anpassung nach FREUNDLICH dargestellt. Um keinen Einfluss des Puffers zu erhalten, wurden diese Experimente ohne Pufferzugabe durchgeführt, was zu hohen pH-Werten von ca. 8,6 führte. Bei hohen Urankonzentrationen weisen die Messwerte höhere Schwankungen auf als bei kleinen Konzentrationen. Da die zentrifugierten Austauscher hydrophob sind und teilweise Wasser aus der Raumluft aufnehmen, ist die gewogene Masse fehlerbehaftet. Bei gering eingewogenen Ionenaustauschermassen, die im Experiment zu hohen Konzentrationen im Gleichgewicht führen, ist dieser Fehler größer.

Die für die Experimente wurde jeweils eine Urankonzentration von 1000 µg/L eingestellt. Die gemessenen Konzentrationen lagen mit 703 – 943 µg/L deutlich darunter siehe Tabelle 8.1. Grund hierfür kann bereits eine Sorption der Uranspezies an der Wand des Mischbehälters aus Polyethylen sein. Diese Schwankungen wirken sich durch die Berechnung der Beladungen über eine Massenbilanz auch auf die bestimmten Gleichgewichtsparameter aus. Die FREUNDLICH-Konstante K_F schwankt hierbei mit einer Abweichung von 21,6% besonders stark, die anderen Parameter q_{max}, K_L und n zeigen eine Standardabweichung zwischen 8,8 und 12,7% und sind hiermit akzeptabel.

Tabelle 8.1: Abweichungen der Messgrößen und Gleichgewichtsparameter

	$c(U)_0$, µg/L	pH, -	q_{max}, µmol/g	K_L, L/mg	K_F, µmol·L^n/(g·µg^n)	n, -
Exp1	943	8,6	83,5	38,6	12,2	0,32
Exp2	703	8,5	67,5	37,5	8,1	0,38
Exp3	887	8,7	67,5	31,0	9,3	0,33
Mittelwert	844	8,6	72,8	35,7	9,9	0,34
Standardabw. um MW, %	14,9	1,2	12,7	11,4	21,6	8,8

Die Standardabweichung wurde nach folgender Gleichung berechnet:

$$\sigma = \sqrt{\frac{1}{N-1} \sum_{i=1}^{N} (x_i - \bar{x})^2} \qquad (8.3)$$

Dabei sind N die Anzahl der Versuche, $\bar{x}$ der Mittelwert über alle Versuche und x_i die einzelnen Messwerte.

8.5 Ergänzende Abbildungen zur Bestimmung des Diffusionskoeffizienten D_S

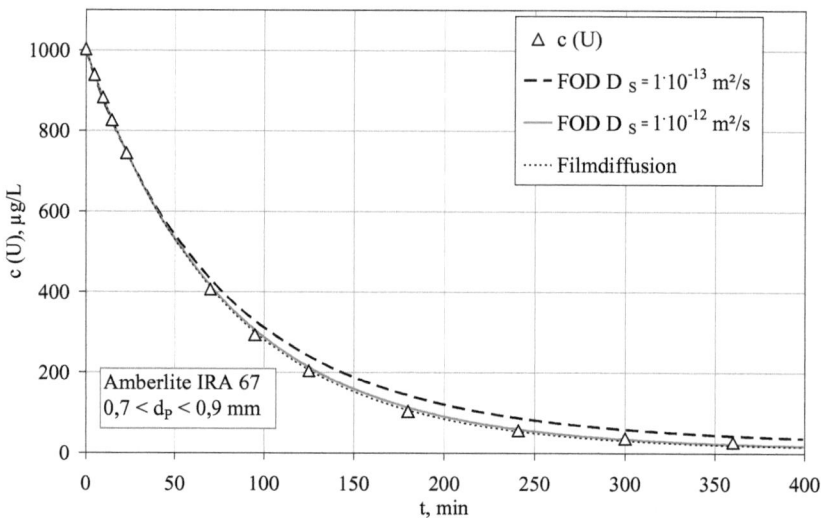

Abbildung 8.2: Konzentrationsverläufe während eines Fliehkraftrührer-Experimentes, Austauscher: Amberlite IRA 67, $pH_{mittel} = 7{,}3$, Wassermatrix: Leitungswasser, Gleichgewichtsdaten bei pH = 7,3 (q_{max} = 296 µmol/g und K_L = 9,175 L/mg), $\beta_L = 1{,}86 \cdot 10^{-4}$ m/s, $Bi = 1{,}1$

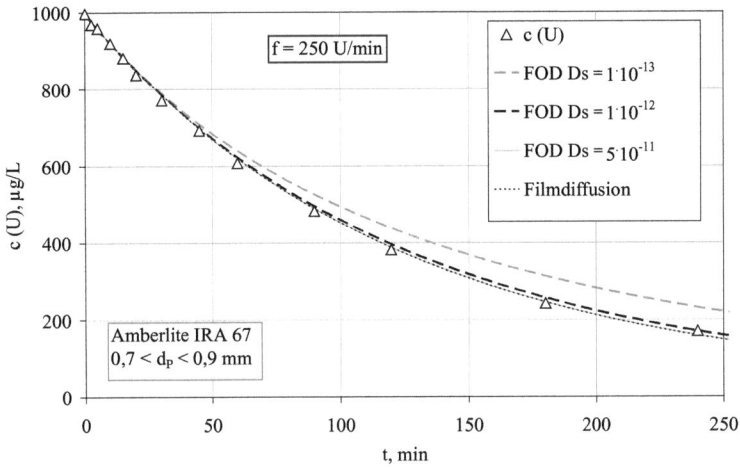

Abbildung 8.3: Konzentrationsverläufe während eines Fliehkraftrührer-Experimentes bei erhöhter Drehfrequenz von 250 U/min, Austauscher: Amberlite IRA 67, $pH_{mittel} = 7{,}3$, Wassermatrix: Leitungswasser, Gleichgewichtsdaten bei pH = 7,3 (q_{max} = 296 µmol/g und K_L = 9,175 L/mg), **$β_L$ = 2,35·10-4 m/s, *Bi* = 1,4**

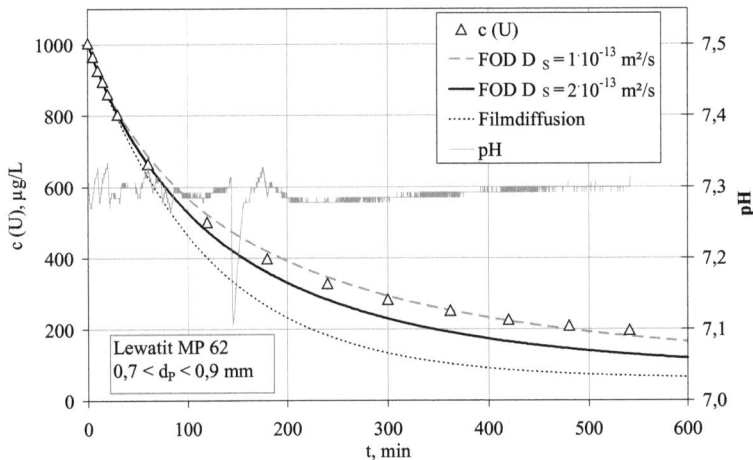

Abbildung 8.4: Konzentrationsverläufe während eines Fliehkraftrührer-Experimentes, Austauscher: Lewatit MP 62, Gleichgewichtsdaten bei pH = 7,3 (q_{max} = 120 µmol/g und K_L = 4,295 L/mg), $β_L$ = 1,13·10^{-4} m/s, *Bi* = 19

8.6 Berechnungsprogramm für das Filterverhalten

Die Berechung des Filterverhaltens wurde mit dem Ansatz der kombinierten Film- und Oberflächendiffusion (Kapitel 3.3.2.2) durchgeführt. Hierbei wird eine ideale Kolbenströmung im Filter angenommen und die Dispersion vernachlässigt. Der Filter wurde in z-Richtung in mehrere (finite) Zylinderscheiben und die Ionenaustauscherpartikel in r-Richtung in Reihe von Kugelscheiben unterteilt (in der Regel wurden sowohl Filter als auch Partikel in 50 Teile unterteilt). In jedem unterteiltem Abschnitt wurden in unterschiedlichen Zeitintervallen das Differenzialgleichungssystem (Gleichungen 3.46 bis 3.48) gelöst. Anfangs- und Randbedingungen für die Filterschüttung und die Ionenaustauscherpartikel lauten hierbei:

	Filter	Partikel
Anfangsbedingung	$X(T=0, Z) = 0$	$Y(T=0, Z, R) = 0$
Randbedingungen	$X(T, Z=0) = 1$	$\left[\dfrac{\partial Y}{\partial R}\right]_{R=0} = 0$
	$\left[\dfrac{\partial X}{\partial Z}\right]_{Z=1} = 0$	$\left[\dfrac{\partial Y}{\partial R}\right]_{R=1} = Bi \cdot (X - X^*)$

Zur Lösung des Differenzialgleichungssystems wurde ein Computerprogramm in C++ geschrieben, in dem zwischen expliziten und impliziten Lösungsschema umgeschaltet werden kann und das auf der Methode der Finite-Differenzen-Methode beruht. Durch das Sweep-Verfahren wird die Ladungsverteilung im Inneren der Partikel berechnet. Das NEWTONsche Näherungsverfahren wird benutzt, um die Konzentrationen und Beladungen an der Partikeloberfläche zu bestimmen. Falls die numerische Lösung außerhalb eines vernünftigen Bereiches liegt, wird durch das Intervallhalbierungsverfahren eine korrekte Lösung erhalten [BJOERCK 1999; AGARWAL 2000].

i want morebooks!

Buy your books fast and straightforward online - at one of world's fastest growing online book stores! Free-of-charge shipping and environmentally sound due to Print-on-Demand technologies.

Buy your books online at
www.get-morebooks.com

Kaufen Sie Ihre Bücher schnell und unkompliziert online – auf einer der am schnellsten wachsenden Buchhandelsplattformen weltweit! Versandkostenfrei und dank Print-On-Demand umwelt- und ressourcenschonend produziert.

Bücher schneller online kaufen
www.morebooks.de

VDM Verlagsservicegesellschaft mbH
Heinrich-Böcking-Str. 6-8
D - 66121 Saarbrücken

Telefon: +49 681 3720 174
Telefax: +49 681 3720 1749

info@vdm-vsg.de
www.vdm-vsg.de

Printed by Books on Demand GmbH, Norderstedt / Germany